特高压换流站验收作业指导书

柔直设备分册

国家电网有限公司直流技术中心　组编

中国电力出版社
CHINA ELECTRIC POWER PRESS

内 容 提 要

国家电网有限公司直流技术中心组织多名长期从事换流站工作的专业技术人员，编写《特高压换流站验收作业指导书　柔直设备分册》一书，本书包含了换流站 4 类关键设备，主要有柔性直流换流阀及阀控设备、柔性直流控制保护设备、高压直流断路器、交流耗能装置及阀控设备。

为确保验收工作顺利进行，本书梳理了验收流程，明确了各类设备验收主要环节、验收顺序；规定了验收标准，对关键验收步骤明确了量化验收指标并指出了验收依据；完善了验收方法，对具体试验、验收项目的操作步骤和方法进行了详细描述，具有较强现场指导价值。

本书可供从事特高压直流输电运行、检修、管理人员等使用。

图书在版编目（CIP）数据

特高压换流站验收作业指导书．柔直设备分册/国家电网有限公司直流技术中心组编．—北京：中国电力出版社，2023.11

ISBN 978-7-5198-8067-5

Ⅰ.①特…　Ⅱ.①国…　Ⅲ.①特高压输电－换流站－直流输电－输配电设备－工程验收　Ⅳ.①TM63

中国国家版本馆 CIP 数据核字（2023）第 153631 号

出版发行：中国电力出版社
地　　址：北京市东城区北京站西街 19 号（邮政编码：100005）
网　　址：http://www.cepp.sgcc.com.cn
责任编辑：苗唯时　王蔓莉　马雪倩
责任校对：黄　蓓　朱丽芳
装帧设计：张俊霞
责任印制：石　雷

印　　刷：三河市百盛印装有限公司
版　　次：2023 年 11 月第一版
印　　次：2023 年 11 月北京第一次印刷
开　　本：787 毫米×1092 毫米　横 16 开本
印　　张：12.75
字　　数：280 千字
定　　价：75.00 元

版权专有　侵权必究

本书如有印装质量问题，我社营销中心负责退换

编委会

主　任　叶廷路　王晓希

副主任　沈　力　陈　力　刘德坤　徐海军　许　强　徐玲铃　贺　文　陈宏钟
　　　　李彦吉

本册编写组

主　编　徐玲铃

副主编　张国华　李凤祁　吕志瑞　刘靖国　贺俊杰　戴瑞成　余克武

成　员　刘卓锟　陆洪建　刘　黎　刘心旸　高剑剑　李健栋　刘吉昀　杨敏祥
　　　　李金卜　张晓飞　李　军

前　言

国家电网有限公司目前在运、在建直流换流站已超70座，“十四五”“十五五”期间还将规划建设一批特高压直流工程，直流输电系统将迎来快速发展的新时期。验收工作是换流站送电前不容忽视的重要环节，是现场运维检修人员的“基本功”。高质量做好验收工作能够有效发现潜在设备隐患和预防事故发生，是提升直流系统运行可靠性的重要手段。

工欲善其事，必先利其器。在现有换流站“专业化支撑+属地化运维”模式下，各换流站运维单位为确保验收工作有章可依、有序推进，通常结合现场设备情况和本单位运维检修经验，参照国家电网有限公司验收规范、反措等要求编制验收作业指导书，但因设备情况、运维经验的差异性，加之编写时间紧、编写难度大等客观因素，导致验收指导书存在标准不统一、内容不全面等问题。

国家电网有限公司直流技术中心作为专门从事直流技术支撑的专业机构，2019年转型以来，积极做好支撑国家电网有限公司提升专业管理的“好助手”、服务基层解决技术难题的“活字典”。国家电网有限公司直流技术中心充分发挥平台作用和专业优势，按照贴近基层、贴近现场、贴近设备的工作思路，认真总结近年来吉泉、青豫、雅江、张北、陕武、白江、闽粤、白浙等换流站验收工作经验，充分考虑现场实际，梳理验收流程，完善验收方法，明确验收依据，编制《特高压换流站验收作业指导书》。

《特高压换流站验收作业指导书》共四个分册，本册为《柔直设备分册》，主要内容包括柔性直流换流阀及阀控设备、柔性直流控制保护设备、高压直流断路器、交流耗能装置及阀控设备。

期望这套指导书的出版发行，能够为换流站开展验收工作提供借鉴和参考，为提升换流站验收质量略尽微薄之力。

由于编者水平有限，如有不妥之处，敬请批评指正。

编　者

目　录

第1章　柔性直流换流阀及阀控设备

1.1　应用范围

本作业指导书适用于换流站柔性直流换流阀及阀控设备交接试验和竣工验收工作，部分验收项目需根据实际情况提前安排，通过随工验收、资料检查等方式开展，旨在指导并规范现场验收工作。

1.2　规范依据

本作业指导书的编制依据并不限于以下文件：

《国家电网有限公司防止柔性直流关键设备事故措施（试行）》

《继电保护及二次回路安装及验收规范》（GB/T 50976—2014）

《超（特）高压直流输电控制保护系统检验规范》（DL/T 1780—2017）

《柔性直流电网换流阀验收规范》（Q/GDW 12022—2019）

《国家电网公司直流换流站验收管理规定》

《柔性直流输电术语》（GB/T 40865—2021）

1.3　验收方法

1.3.1　验收流程

换流阀与阀控设备专项验收工作应参照表1-3-1验收项目内容顺序开展，并在验收工作中把握关键时间节点。

表1-3-1　换流阀与阀控设备专项验收流程表

序号	验收项目	主要工作内容	参考工时	开展验收需满足的条件
1	阀塔外观验收	（1）阀塔框架结构、屏蔽罩、均压环、光纤、主水管外观验收。 （2）阀塔设备防火防爆情况检查。 （3）子模块外观验收。 （4）等电位线检查。 （5）绝缘子检查	1h/阀塔	阀塔安装完成，并完成清灰工作

续表

序号	验收项目	主要工作内容	参考工时	开展验收需满足的条件
2	光纤检查验收（子模块光纤、阀控光纤）	（1）阀塔光纤及槽盒外观检查。 （2）光纤衰耗测试。 （3）光纤连接情况检查	3h/阀塔	（1）阀塔安装完成，并完成清灰工作。 （2）阀塔或阀控光纤铺设后未插入板卡（中控板、接口板）前需进行光纤衰耗（简称“光衰”）的测试。 （3）桥臂电流互感器（OCT）与阀塔光纤共槽盒时，需桥臂OCT光纤敷设完成
3	阀塔主通流回路检查验收	（1）主通流回路搭接面螺栓力矩检查。 （2）主通流回路搭接面直流电阻（简称“直阻”）检查	2h/阀塔	阀塔安装完成，并完成清灰工作
4	阀塔水管检查验收	（1）阀塔水管结构检查。 （2）阀塔水管接头力矩检查	1h/阀塔	阀塔安装完成，并完成清灰工作
5	子模块低压加压试验验收	（1）子模块低压加压功能性测试。 （2）阀控检修模式检查	12h/阀塔	（1）阀塔安装完成，并完成清灰工作。 （2）阀控系统安装调试完成。 （3）对应阀塔完成上述1～4项验收工作
6	阀塔水压试验	阀塔水冷系统水压试验	3h/阀厅	（1）阀塔安装完成，并完成清灰工作。 （2）阀塔水管验收完成、水冷系统水管验收完成
7	漏水检测装置验收	（1）漏水检测装置外观验收。 （2）漏水检测装置功能验收	0.5h/阀塔	（1）换流阀阀塔塔上工作全部完成。 （2）阀控屏柜安装调试工作全部完成
8	桥臂电流测试验收	阀控手动触发录波检查极性和电流大小	0.5h/桥臂	（1）阀控系统安装调试完成。 （2）桥臂OCT注流时开展
9	阀控系统验收	（1）阀控系统分系统试验。 （2）阀控系统切换试验。 （3）阀控系统板卡更换试验。 （4）阀控系统版本号检查。 （5）阀控系统报文验证	6h/极	（1）阀控系统安装调试完成。 （2）控制保护系统具备配合阀控系统（VBC）切系统测试条件
10	换流阀投运前检查	（1）阀塔水管阀门位置检查。 （2）阀塔遗留物件清查。 （3）阀塔光纤电缆连接检查。 （4）阀控检修模式检查。 （5）阀控状态、报文检查。 （6）阀控定值核对	1h/阀塔	（1）所有验收完成后。 （2）换流阀带电前

1.3.2 验收问题记录清单

对于验收过程中发现的隐患和缺陷，应当按照表 1-3-2 进行记录，每日向业主项目部提报，并由专人负责跟踪闭环进度。

表 1-3-2 换流阀及阀控设备验收问题记录清单

序号	设备名称	问题描述	发现人	发现时间	整改情况
1	极ⅠA 相上桥臂 1 号阀塔	……	×××	××××年××月××日	……
2	极Ⅰ阀控系统	……	×××	××××年××月××日	……
…	……				

1.4 阀塔外观验收标准作业卡

1.4.1 验收范围说明

本验收标准作业卡适用于换流站柔性直流换流阀阀塔外观交接验收工作，验收范围包括：

（1）普瑞柔性直流换流阀；

（2）南瑞柔性直流换流阀；

（3）许继柔性直流换流阀；

（4）荣信柔性直流换流阀；

（5）ABB 柔性直流换流阀。

1.4.2 验收准备工作

各阶段验收工作开展前，运检人员应当提前明确验收的时间、人员、车辆机具、仪器工具、图纸资料等，并至少在验收开展的前一天完成准备工作的确认。换流阀外观验收准备工作见表 1-4-1，换流阀外观验收工器具清单见表 1-4-2。

表 1-4-1　　换流阀外观验收准备工作表

序号	项目	工作内容	实施标准	负责人	备注
1	时间安排	验收工作开展前，应当组织业主、厂家、施工、监理、运检人员到现场联合勘查，在各方均认为现场满足验收条件后方可开展	换流阀阀塔安装工作已完成，完成阀塔清理工作		
2	人员安排	（1）如人员、车辆充足，可组织多个验收组同时开展工作。 （2）每个验收组建议至少安排验收人员1人、厂家人员1人、施工单位1人、监理1人、平台车专职驾驶员1人（厂家或施工单位人员）。 （3）验收组所有人员均在平台车上和阀塔内开展工作	验收前成立临时专项验收组，组织验收、施工、厂家、监理人员共同开展验收工作		
3	车辆、工具安排	验收工作开展前，准备好验收所需车辆机具、仪器仪表、工器具、安全防护用品、验收记录材料、相关图纸及相关技术资料	（1）车辆机具、仪器仪表、工器具、安全防护用品应试验合格，满足本次施工的要求。 （2）验收记录材料、相关图纸及相关技术资料齐全并符合现场实际情况		
4	验收交底	根据本次作业内容和性质确定好检修人员，并组织学习本作业卡	要求所有工作人员都明确本次工作的作业内容、进度要求、作业标准及安全注意事项		

表 1-4-2　　换流阀外观验收工器具清单

序号	名称	型号	数量	备注
1	阀厅平台车	—	每3人1辆	
2	连体防尘服	—	每人1套	
3	安全带	—	每人1套	
4	车辆接地线	—	每辆1根	
5	手电筒	—	每人1套	
6	便携式直阻仪	—	每人1台	
7	百洁布	—	每人1块	
8	力矩扳手	—	每人1套	
9	马克笔	红色、黑色	每人1支	
10	酒精	—	每人1瓶	

1.4.3 验收检查记录

换流阀外观验收检查记录表见表 1-4-3。

表 1-4-3　　换流阀外观验收检查记录表

序号	验收项目	验收方法及标准	验收结论（√或×）	备注
1	阀塔整体外观检查	通过在阀厅平台车上逐层检查和进入阀塔检查两种方式，进行阀塔整体外观检查		
		阀塔外观清洁，屏蔽罩、均压环、子模块电容顶部、阀塔钢盘无明显积灰		
		阀塔按设计图纸安装完毕，所有元器件安装位置正确，通流回路、冷却回路、光纤回路安装正确		
		阀塔标识清晰明确		
		阀塔对地及其他设备电气安全距离符合设计要求，使用激光测距仪与设计图纸核对阀塔对地及阀塔间距离是否正确		
		阀塔内部层间绝缘子伞裙无外观破损，绝缘子表面无裂纹		
		阀塔内无异物，无工具、材料等施工及试验遗留物		
		阀塔主水管无渗漏、无破损		
2	阀塔设备防火防爆情况检查	检查每个电气连接应牢固、可靠，避免产生过热和电弧		
		阀上的内冷却系统应避免因漏水、冷却水中含杂质以及冷却系统腐蚀等原因而导致电弧和火灾发生		
		阀塔内非金属材料不应低于 UL94V0 材料标准，应按照美国材料和试验协会（ASTM）的 E135 标准进行燃烧特性试验或提供第三方试验报告		《国家电网有限公司防止柔性直流关键设备事故措施（试行）》
		阀塔光缆槽内应放置防火包，出口应使用阻燃材料封堵。可燃物排查需排查阀塔中所有非金属材料的阻燃性能，要求厂家根据反措要求提供阀塔元件的阻燃试验报告		《柔性直流电网换流阀验收规范》（Q/GDW 12022—2019）
		电容器的填充树脂应具备阻燃性或燃烧后无任何腐蚀性、危险性气体释放，填充材料应提供材质证明和第三方阻燃性等级证明		《国家电网有限公司防止柔性直流关键设备事故措施（试行）》
		子模块满足防爆设计要求，提供试验资料		

续表

序号	验收项目	验收方法及标准	验收结论（√或×）	备注
3	子模块外观检查	子模块外观完好无损，无遗留工具和异物，无水及污渍		
		连接母排各个螺丝力矩标示线无位移		
		子模块光纤表皮无老化、破损、变形现象，光纤弯曲半径不小于 50mm，符合产品技术规范要求［中控板-驱动板、中控板与阀控、中控板与中控板间光纤（如有）］		《柔性直流电网换流阀验收规范》（Q/GDW 12022—2019）
		光纤槽盒固定及连接可靠，无受潮、无积灰，表面涂层完好（如有），无破损		
		连接水管、水管接头有防震、防磨损措施，无漏水、渗水现象		
		检查阀段、子模块、光纤标识牢固		
		散热器无变形，表面无锈蚀或变色		
		绝缘栅双极型晶体管（IGBT）、电容、均压电阻、中控板控制单元防护罩等外观正常，无变形、变色或损坏，金属部分无锈蚀		
4	等电位线检查	阀段等电位线连接正确可靠，用万用表测量电阻小于 1Ω		《柔性直流电网换流阀验收规范》（Q/GDW 12022—2019）
		备用光纤接头等电位连接可靠，用万用表测量电阻小于 1Ω		
		蝶阀、球阀、排气阀等电位线连接可靠，用万用表测量电阻小于 1Ω		
		水电极等电位线连接可靠，用万用表测量电阻小于 1Ω		
5	阀塔钢盘下部绝缘子检查	阀塔支撑绝缘子及斜拉绝缘子伞裙无外观破损，绝缘子表面无裂纹		

1.4.4 验收记录表格

换流阀外观验收记录表见表 1-4-4。

1.4.5 检查评价表格

对工作中检查出的问题进行汇总记录，并进行验收评价，留档保存，表格示例见表 1-4-5。

表 1-4-4　　换流阀外观验收记录表

设备名称	验收项目					验收人
	阀塔整体外观检查	阀塔设备防火防爆情况检查	子模块外观检查	等电位线检查	阀塔钢盘下部绝缘子检查	
极Ⅰ A 相上桥臂 1 号塔						
极Ⅰ A 相上桥臂 2 号塔						
……						

表 1-4-5　　换流阀阀塔外观验收评价表

检查人	×××	检查日期	××××年××月××日
存在问题汇总			

1.5　光纤检查验收标准作业卡

1.5.1　验收范围说明

本验收标准作业卡适用于换流站柔性直流换流阀及阀控系统光纤检查验收交接验收工作，验收范围包括：

（1）普瑞柔性直流换流阀；

（2）南瑞柔性直流换流阀；

（3）许继柔性直流换流阀；

（4）荣信柔性直流换流阀；

（5）ABB 柔性直流换流阀。

1.5.2　验收准备工作

各阶段验收工作开展前，运检人员应当提前明确验收的时间、人员、车辆机具、仪器工具、图纸资料等，并至少在验收开展的前一天完成准备工作的确认。光纤检查验收准备工作表见表 1-5-1，光纤检查验收工器具清单见表 1-5-2。

表 1-5-1　　　　　　　　　　　　　　　　　光纤检查验收准备工作表

序号	项目	工作内容	实施标准	负责人	备注
1	时间安排	验收工作开展前，应当组织业主、厂家、施工、监理、运检人员现场联合勘查，在各方均认为现场满足验收条件后方可开展	换流阀阀塔安装工作已完成，完成阀塔清理工作。阀塔光纤铺设完成，但尚未插入		
2	人员安排	（1）如人员、车辆充足，可组织多个验收组同时开展工作。 （2）每个验收组建议至少安排运检人员 2 人、厂家人员 2 人、监理 1 人、平台车专职驾驶员 1 人（厂家或施工单位人员）。 （3）光纤衰耗测试时将验收组内部分为阀塔打光小组和屏柜测光小组，阀塔小组运检 1 人、厂家 1 人；屏柜小组运检 1 人、厂家 1 人、监理 1 人；小组间通过对讲机沟通。 （4）光纤插拔、衰耗测试均由厂家人员进行，其他人员不得触碰	验收前成立临时专项验收组，组织运检、施工、厂家、监理人员共同开展验收工作		
3	车辆、工具安排	验收工作开展前，准备好验收所需车辆机具、仪器仪表、工器具、安全防护用品、验收记录材料、相关图纸及相关技术资料	（1）车辆机具、仪器仪表、工器具、安全防护用品应试验合格，满足本次施工的要求。 （2）验收记录材料、相关图纸及相关技术资料齐全并符合现场实际情况		
4	验收交底	根据本次作业内容和性质确定好检修人员，并组织学习本作业卡	要求所有工作人员都明确本次工作的作业内容、进度要求、作业标准及安全注意事项		

表 1-5-2　　　　　　　　　　　　　　　　　光纤检查验收工器具清单

序号	名称	型号	数量	备注
1	阀厅平台车	—	每 3 人 1 辆	
2	安全带	—	每人 1 套	
3	车辆接地线	—	1 根	

续表

序号	名称	型号	数量	备注
4	光纤清洁套装	—	1套	
5	光纤衰耗测试仪	—	1套	
6	光时域反射仪	—	1台	
7	短光纤	仪器校准用	1根	
8	屏柜光纤插拔工具（如有）	—	1个	
9	防静电手环	—	1个	
10	对讲机	—	2台	

1.5.3 验收检查记录

光纤验收检查记录表见表1-5-3。

表1-5-3　光纤验收检查记录表

序号	验收项目	验收方法及标准	验收结论（√或×）	备注
1	光纤检查	检查阀厅电缆沟内的光纤或光缆外观完好、无踩踏痕迹		
2		光纤施工过程应做好防振、防尘、防水、防折、防压、防拗等措施，避免光纤损伤或污染		
3		检查电缆沟和阀塔光纤槽盒密封良好、无破损		
4		检查电缆沟和阀塔光纤槽盒阻燃措施完善，防火包（如有）安装正确，无脱落		
5		光纤槽盒固定及连接可靠、密封良好、无受潮、无积灰		
6		备用光纤数量充足，接头等电位可靠固定，防护到位		

续表

序号	验收项目	验收方法及标准	验收结论（√或×）	备注
7	光纤衰耗测试	光纤衰耗测试范围包括阀控与子模块间通信光纤以及阀控柜内的全部光纤（含阀塔备用光纤）		
8		测试前使用短光纤对光纤衰耗测试仪进行校零（注意校零后不得关机，否则要重新校准）		
9		从阀塔光纤槽盒内或阀控柜内取出光纤，并使用光纤测试仪的光源部分进行打光		
10		在阀控屏柜侧取下光纤，并使用光纤测试仪的接收部分进行检测		
11		根据测试结果记录光纤衰耗值，并与标准和光纤安装前的测量数值进行对比		
12		测试完成后清洁光纤头，将光纤插到板卡上（中控板、阀控接口板以及其他板卡）		
13		若光纤衰耗超标，则使用光时域反射仪（OTDR）进行测试，分析衰耗超标的原因，并进行针对性检查		
14		若光纤衰耗超标且无法修复，则要求厂家补充敷设光纤，并将故障光纤接头剪去塞入槽盒中，防止误用		
15		测试完成后将测试数值记录至光纤衰耗测试专项检查表中		
16	光纤连接情况检查	检查光纤连接和排列情况。光纤接头插入、锁扣到位，光纤排列整齐，标识清晰准确，光纤连接正确		
17		光纤表皮无老化、破损、变形现象，光纤（缆）弯曲半径应大于纤（缆）直径的15倍，尾纤弯曲直径不应小于100mm，尾纤自然悬垂长度不宜超过300mm		《超（特）高压直流输电控制保护系统检验规范》（DL/T 1780—2017）

1.5.4 验收记录表格

光纤检查验收记录表见表1-5-4。

1.5.5 专项检查表格

在工作中对于重要的内容进行专项检查记录并留档保存。光纤衰耗测试专项检查表见表1-5-5。

表 1-5-4 光纤检查验收记录表

设备名称	验收项目			验收人
	光纤检查	光纤衰耗测试	光纤连接情况检查	
阀控与极Ⅰ A 相上桥臂 1 号塔阀塔子模块光纤		1 层 1 号阀段 1 号子模块光衰值偏大		
极Ⅰ阀控系统		阀控主机 A 与 PCPA IEC 上行通道光的光衰值偏大		
备用光纤（子模块与阀控、阀控自身）		1 层 1 号阀段备用光纤光衰值偏大； 阀控主机备用光纤 1 光衰值偏大		
1 号子模块与 2 号子模块通信光纤				
……				

表 1-5-5 光纤衰耗测试专项检查表

<table>
<tr><td colspan="2">检查人</td><td>×××</td><td colspan="2">检查日期</td><td>××××年××月××日</td></tr>
<tr><td colspan="6">子模块光纤</td></tr>
<tr><td colspan="2">阀塔编号</td><td>极Ⅰ</td><td colspan="2">A 相上桥臂</td><td>1 号塔</td></tr>
<tr><td colspan="3">子模块编号</td><td colspan="2">上行通道光衰值</td><td>下行通道光衰值</td></tr>
<tr><td>1 层</td><td>1 号阀段</td><td>1 号子模块</td><td colspan="2">XXdB</td><td>XXdB</td></tr>
<tr><td>……</td><td>……</td><td>……</td><td colspan="2">……</td><td>……</td></tr>
<tr><td>4 层</td><td>6 号阀段</td><td>6 号子模块</td><td colspan="2">XXdB</td><td>XXdB</td></tr>
<tr><td colspan="6">阀控光纤</td></tr>
<tr><td colspan="2">阀控系统</td><td>极Ⅰ</td><td colspan="2">屏柜名称</td><td>阀控控制保护主机屏 A</td></tr>
<tr><td colspan="2">板卡编号</td><td colspan="2">光纤编号</td><td colspan="2">光衰值</td></tr>
<tr><td colspan="2" rowspan="3">主控板（1 号板卡）</td><td colspan="2">PCP-VBC IEC 下行通道（1 号光纤）</td><td colspan="2"></td></tr>
<tr><td colspan="2">PCP-VBC IEC 上行通道（2 号光纤）</td><td colspan="2"></td></tr>
<tr><td colspan="2">PCP-VBC VBC _ OK 上行通道（3 号光纤）</td><td colspan="2"></td></tr>
<tr><td colspan="6">……</td></tr>
</table>

1.5.6 检查评价表格

对工作中检查出的问题进行汇总记录，并进行验收评价，留档保存，表格示例见表 1-5-6。

表 1-5-6 光纤验收评价表

检查人	×××	检查日期	××××年××月××日
存在问题汇总			

1.6 阀塔主通流回路检查验收标准作业卡

1.6.1 验收范围说明

本验收标准作业卡适用于换流站柔性直流换流阀阀塔主通流回路检查验收交接验收工作，验收范围包括：

（1）普瑞柔性直流换流阀；

（2）南瑞柔性直流换流阀；

（3）许继柔性直流换流阀；

（4）荣信柔性直流换流阀；

（5）ABB 柔性直流换流阀。

1.6.2 验收准备工作

各阶段验收工作开展前，运检人员应当提前明确验收的时间、人员、车辆机具、仪器工具、图纸资料等，并至少在验收开展的前一天完成准备工作的确认。阀塔主通流回路检查验收准备工作见表 1-6-1，阀塔主通流回路检查验收工器具清单见表 1-6-2。

表 1-6-1 阀塔主通流回路检查验收准备工作表

序号	项目	工作内容	实施标准	负责人	备注
1	时间安排	验收工作开展前，应当组织业主、厂家、施工、监理、运检人员现场联合勘查，在各方均认为现场满足验收条件后方可开展	换流阀阀塔安装工作已完成，完成阀塔清理工作		

续表

序号	项目	工作内容	实施标准	负责人	备注
2	人员安排	（1）如人员、车辆充足可组织多个验收组同时开展工作。 （2）每个验收组建议至少安排运检人员1人、厂家人员1人、施工单位2人、监理1人、平台车专职驾驶员1人（厂家或施工单位人员）。 （3）验收组所有人员均在阀塔内开展工作。 （4）力矩检查工作建议由施工人员和厂家配合进行，运检、监理监督见证并记录数据。 （5）直阻测量工作建议由施工人员和厂家配合进行，运检、监理监督见证并记录数据	验收前成立临时专项验收组，组织运检、施工、厂家、监理人员共同开展验收工作		
3	车辆工具安排	验收工作开展前，准备好验收所需车辆机具、仪器仪表、工器具、安全防护用品、验收记录材料、相关图纸及相关技术资料	（1）车辆机具、仪器仪表、工器具、安全防护用品应试验合格，满足本次施工的要求。 （2）验收记录材料、相关图纸及相关技术资料齐全并符合现场实际情况		
4	验收交底	根据本次作业内容和性质确定好检修人员，并组织学习本作业卡	要求所有工作人员都明确本次工作的作业内容、进度要求、作业标准及安全注意事项		

表 1-6-2　　阀塔主通流回路检查验收工器具清单

序号	名称	型号	数量	备注
1	阀厅平台车	—	每3人1辆	
2	安全带	—	每人1套	
3	车辆接地线	—	1根	
4	力矩扳手	满足力矩检查要求	1套	
5	棘轮扳手	—	1套	
6	签字笔	红色、黑色	1套	
7	无水乙醇	—	1瓶	
8	百洁布	—	1套	
9	便携式直阻仪	—	1台	

1.6.3 验收检查记录

阀塔主通流回路检查验收表见表 1-6-3。

表 1-6-3 阀塔主通流回路检查验收表

序号	验收项目	验收方法及标准	验收结论（√或×）	备注
1	主通流回路结构和安装情况检查	核对接头材质、有效接触面积、载流密度、螺栓标号、力矩要求等与设计文件一致，通流回路连接螺栓具有防松动措施（防松动措施包括使用弹片、叠帽、平弹一体垫片、防松螺栓等方式）		
2		检查安装阶段螺丝紧固后应进行记录和存档		
3	通流回路外观检查	检查通流回路外观良好，连接可靠接触良好，无变形、无变色、无锈蚀、无破损		
4		检查力矩双线标识清晰且划在螺母侧，力矩线需连续、清晰、与螺母垂直，且母排、垫片、螺母、螺栓均需划到		
5		检查软连接完好，无散股、断股现象		
6		若螺栓采用平弹一体结构，应当检查平弹一体垫片是否装反		
7	主通流回路搭接面螺栓力矩复查	力矩检查工作由施工人员执行，厂家人员监督，运检和监理见证记录，四方共同开展		
8		确认接头直阻测量和力矩检查结果满足技术要求（参照专用检查表格），使用80%力矩检查螺栓紧固到位后划线标记，并建立档案，做好记录；运维单位应按不小于1/3的数量进行力矩和直阻抽查		
9		力矩扳手每次调整后均应由验收人员、厂家人员、施工人员共同检查设置的力矩值是否正确		
10		对于检查工作中发现松动或力矩线偏移的螺栓，使用100%力矩进行复紧，使用酒精擦除原力矩线后重新划线，并再次使用80%力矩检查		
11		对于发生滑丝、跟转等问题的螺栓进行更换		
12		对于不在现场安装的阀组件内部搭接面可不进行复紧，只检查力矩线，但须厂家提供厂内验收报告		

续表

序号	验收项目	验收方法及标准	验收结论（√或×）	备注
13	主通流回路搭接面直阻测试	正确使用直流电阻测试仪，并设置试验电流不小于100A		
14		将夹子夹在待测搭接面两端，启动仪器后读取测量数据并记录至阀塔主通流回路专项检查表中		
15		阀塔接头搭接面直阻不大于10μΩ		
16		对于发现有直阻超标的搭接面，应当按照“十步法”进行处理并记录		
17		对于不在现场安装的通流母排可不进行直阻复测，但须提供厂内测量报告（阀段内的子模块母排需提供）		

1.6.4 验收记录表格

阀塔主通流回路验收记录表见表1-6-4。

表1-6-4　　阀塔主通流回路验收记录表

设备名称	验收项目				验收人
	主通流回路结构和安装情况检查	通流回路外观检查	主通流回路搭接面螺栓力矩复查	主通流回路搭接面直阻测试	
极ⅠA相上桥臂1号塔					
极ⅠA相上桥臂2号塔					
……					

1.6.5 专项检查表格

在工作中对于重要的内容进行专项检查记录并留档保存。阀塔主通流回路专项检查表见表1-6-5。

表 1-6-5　　　　　　　　　　　**阀塔主通流回路专项检查表**

<table>
<tr><td colspan="2">检查人</td><td>×××</td><td colspan="2">检查日期</td><td colspan="4">××××年××月××日</td></tr>
<tr><td colspan="2">阀塔编号</td><td>极Ⅰ</td><td colspan="2">A 相上桥臂</td><td colspan="4">1 号塔</td></tr>
<tr><td rowspan="4">1 层</td><td>1-2 号阀段间母排</td><td>左接头</td><td>5 μΩ</td><td>右接头</td><td colspan="4"></td></tr>
<tr><td>2-3 号阀段间母排</td><td>左接头</td><td></td><td>右接头</td><td colspan="4"></td></tr>
<tr><td>1-2 层间斜母排</td><td>左接头</td><td></td><td>右接头</td><td colspan="4"></td></tr>
<tr><td>直母排</td><td>左接头</td><td></td><td>右接头</td><td colspan="4"></td></tr>
<tr><td>进线金具头 4 分裂</td><td>出线 1</td><td></td><td>出线 2</td><td></td><td>出线 3</td><td></td><td>出线 4</td><td></td></tr>
<tr><td colspan="9">……</td></tr>
</table>

1.6.6　“十步法”处理记录

“十步法”处理记录见表 1-6-6。

表 1-6-6　　　　　　　　　　　**“十步法”处理记录**

序号	接头位置及名称	检修前直阻			评价	检修处理工艺控制					检修后直阻测量			验收
		检修前直阻	直阻测量人	是否小于 10 μΩ	是否需要处理	工艺要求	螺栓规格	力矩标准	力矩是否紧固	作业人	检修后直阻	测量人	直阻是否合格	
1	1-2 号阀段间母排左接头													
2	1-2 号阀段间母排右接头													
…	……													

1.6.7　检查评价表格

对工作中检查出的问题进行汇总记录，并进行验收评价，留档保存，表格示例见表 1-6-7。

表 1-6-7　　阀塔主通流回路检查验收评价表

检查人	×××	检查日期	××××年××月××日
存在问题汇总			

1.7　阀塔水管检查验收标准作业卡

1.7.1　验收范围说明

本验收标准作业卡适用于换流站柔性直流换流阀阀塔水管检查验收交接验收工作，验收范围包括：

（1）普瑞柔性直流换流阀；

（2）南瑞柔性直流换流阀；

（3）许继柔性直流换流阀；

（4）荣信柔性直流换流阀；

（5）ABB 柔性直流换流阀。

1.7.2　验收准备工作

各阶段验收工作开展前，运检人员应当提前明确验收的时间、人员、车辆机具、仪器工具、图纸资料等，并至少在验收开展的前一天完成准备工作的确认。阀塔水管检查验收准备工作表见表 1-7-1，阀塔水管检查验收工器具清单见表 1-7-2。

表 1-7-1　　阀塔水管检查验收准备工作表

序号	项目	工作内容	实施标准	负责人	备注
1	时间安排	验收工作开展前，应当组织业主、厂家、施工、监理、运检人员现场联合勘查，在各方均认为现场满足验收条件后方可开展	换流阀阀塔安装工作已完成，完成阀塔清理工作		

续表

序号	项目	工作内容	实施标准	负责人	备注
2	人员安排	(1) 如人员、车辆充足可组织多个验收组同时开展工作。 (2) 每个验收组建议至少安排运检人员1人、厂家人员1人、施工单位1人、监理1人、平台车专职驾驶员1人(厂家或施工单位人员)。 (3) 验收组所有人员均在阀厅平台车上和阀塔内开展工作。 (4) 水管接头力矩检查工作建议由施工人员和厂家配合进行,运检、监理监督见证并记录数据	验收前成立临时专项验收组,组织运检、施工、厂家、监理人员共同开展验收工作		
3	车辆工具安排	验收工作开展前,准备好验收所需车辆机具、仪器仪表、工器具、安全防护用品、验收记录材料、相关图纸及相关技术资料	(1) 车辆机具、仪器仪表、工器具、安全防护用品应试验合格,满足本次施工的要求。 (2) 验收记录材料、相关图纸及相关技术资料齐全并符合现场实际情况		
4	验收交底	根据本次作业内容和性质确定好检修人员,并组织学习本作业卡	要求所有工作人员都明确本次工作的作业内容、进度要求、作业标准及安全注意事项		

表 1-7-2　　阀塔水管检查验收工器具清单

序号	名称	型号	数量	备注
1	阀厅平台车	—	1辆	
2	连体防尘服	—	每人1套	
3	安全带	—	每人1套	
4	车辆接地线	—	1根	
5	水管专用力矩扳手	满足力矩检查要求	1套	
6	水管专用棘轮扳手	—	1套	
7	签字笔	红色、黑色	1套	
8	无水乙醇	—	1瓶	
9	百洁布	—	1套	

1.7.3 验收检查记录

阀塔水管检查验收检查记录表见表 1-7-3。

表 1-7-3 阀塔水管检查验收检查记录表

序号	验收项目	验收方法及标准	验收结论（√或×）	备注
1	水管结构和安装情况检查	核对水管材质、接头结构、力矩要求等与设计文件一致，水管接头具有防松动措施（金属结构防松动措施包括使用弹片、叠帽、平弹一体垫片、防松螺栓等方式，PVDF 接头可利用材料本身弹性防松）		
2		水管路材质应优先选用 PVDF 材料，阀塔主水管连接应选用法兰连接，选用性能优良的密封垫圈，接头选型应恰当		
3		水管布置应合理，固定应牢靠，避免与其他水管或物体直接接触，或运行过程中受振动作用发生接触，导致水管磨损漏水		
4		工程子模块分支水管的连接宜选用螺纹方式，避免使用双头螺柱		
5		检查安装阶段紧固后应进行的档案和记录		
6		检查水管结构是否满足反措和事故案例排查的要求		
7	水管及接头检查	水管固定可靠、无接触摩擦现象，如有应采取包护、移位固定处理		
8		检查水管外观正常，焊缝处无砂眼、裂缝		
9		检查水管力矩线正常、规范，密封垫安装平整无偏移		
10		水管接头熔接到位，厚度均匀，无气孔、鼓泡和裂缝，无异常振动		
11		厂家应提供各阀段出厂水压报告		
12	均压电极检查	均压电极安装固定可靠、无松动、无渗漏，等电位线连接正确、可靠		
13		均压电极的选材、设计应满足安装结构简单、方向布置能避免密封圈腐蚀的要求，采用纯铂或不锈钢材质。电极应满足长期运行过程中不发生严重腐蚀、断裂等问题，安装前应提供使用寿命和材质检测报告		

续表

序号	验收项目	验收方法及标准	验收结论（√或×）	备注
14	水管接头力矩复查	直流投运前由专业人员对水管及接头再次进行二次复检，接头检查对于不锈钢螺栓使用80%力矩、对于PVDF螺栓使用60%标准力矩进行复查，根据规范要求对不少于30%的数量接头进行力矩复查		
15		力矩扳手每次调整后均应由运检人员、厂家人员、施工人员共同检查设置的力矩值是否正确		
16		应加强水管接头的验收，确认每个水管接头按力矩要求紧固，对螺栓位置做好标记，并建立水管接头档案，做好记录		
17		对于检查工作中发现松动或力矩线偏移的螺栓，使用100%力矩进行复紧，使用酒精擦除原力矩线后重新划线，并再次进行力矩检查		
18	水管阀门检查	检查阀塔进出水阀门、排气阀门、排水阀门连接牢固，无渗漏水		

1.7.4 验收记录表格

阀塔水管检查验收记录表见表1-7-4。

表1-7-4　　阀塔水管检查验收记录表

设备名称	验收项目					验收人
	水管结构和安装情况检查	水管及接头检查	均压电极检查	水管接头力矩复查	水管阀门检查	
极ⅠA相上桥臂1号塔		1层1-2阀段间水管接头力矩线不正常	1层1号阀段侧均压电极安装不牢固			
极ⅠA相上桥臂2号塔						
……						

1.7.5 专项检查表格

在工作中对于重要的内容进行专项检查记录并留档保存。阀塔水管接头专项检查见表1-7-5。

表1-7-5 阀塔水管接头专项检查表

<table>
<tr><td colspan="2">检查人</td><td colspan="3">×××</td><td colspan="2">检查日期</td><td colspan="3">××××年××月××日</td></tr>
<tr><td colspan="2">阀塔编号</td><td colspan="3">极Ⅰ</td><td colspan="2">A相上桥臂</td><td colspan="3">1号塔</td></tr>
<tr><td colspan="2" rowspan="4">1层</td><td colspan="5">三通阀与1号阀段间接头</td><td colspan="3"></td></tr>
<tr><td colspan="5">1-2阀段间水管接头</td><td colspan="3"></td></tr>
<tr><td colspan="5">2-3阀段间水管接头</td><td colspan="3"></td></tr>
<tr><td colspan="2">法兰</td><td colspan="2">上接头</td><td></td><td colspan="2">下接头</td><td></td></tr>
<tr><td colspan="2">排气阀</td><td>1号阀段侧</td><td></td><td>3号阀段侧</td><td></td><td>4号阀段侧</td><td></td><td>6号阀段侧</td><td></td></tr>
<tr><td colspan="2">排气阀处球阀</td><td>1号阀段侧</td><td></td><td>3号阀段侧</td><td></td><td>4号阀段侧</td><td></td><td>6号阀段侧</td><td></td></tr>
<tr><td colspan="2">阀塔塔底蝶阀</td><td>1号阀段侧</td><td></td><td>3号阀段侧</td><td></td><td>4号阀段侧</td><td></td><td>6号阀段侧</td><td></td></tr>
<tr><td rowspan="2">均压电极</td><td>2层</td><td>1号阀段侧</td><td></td><td>3号阀段侧</td><td></td><td>4号阀段侧</td><td></td><td>6号阀段侧</td><td></td></tr>
<tr><td>1层</td><td>1号阀段侧</td><td></td><td>3号阀段侧</td><td></td><td>4号阀段侧</td><td></td><td>6号阀段侧</td><td></td></tr>
<tr><td colspan="10">……</td></tr>
</table>

1.7.6 “十要点”检查记录

“十要点”检查记录见表1-7-6。

1.7.7 检查评价表格

对工作中检查出的问题进行汇总记录，并进行验收评价，留档保存，表格示例见表1-7-7。

表 1-7-6 “十要点”检查记录

序号	接头编号	是否完成擦拭	外观检查		力矩检查（50%～60%）			处理情况
			标记线无偏移	无渗漏	标准力矩（Nm）	抽查力矩（Nm）	力矩是否紧固	
1	极ⅠA相上桥臂1号阀塔 1层1-2号阀段间接头							
2	极ⅠA相上桥臂1号阀塔 1层三通阀接头							
…	……							

表 1-7-7 阀塔水管检查验收评价表

检查人	×××	检查日期	××××年××月××日
存在问题汇总			

1.8 子模块低压加压试验验收标准作业卡

1.8.1 验收范围说明

本验收标准作业卡适用于换流站柔性直流换流阀子模块低压加压试验交接验收工作，验收范围包括：

（1）普瑞柔性直流换流阀；

（2）南瑞柔性直流换流阀；

（3）许继柔性直流换流阀；

（4）荣信柔性直流换流阀。

1.8.2 验收准备工作

各阶段验收工作开展前，运检人员应当提前明确验收的时间、人员、车辆机具、仪器工具、图纸资料等，并至少在验收开展的前一天完成准备工作的确认。子模块低压加压试验准备工作表见表 1-8-1，阀组件试验工器具清单见表 1-8-2。

表 1-8-1　　子模块低压加压试验准备工作表

序号	项目	工作内容	实施标准	负责人	备注
1	时间安排	验收工作开展前，应当组织业主、厂家、施工、监理、运检人员现场联合勘查，在各方均认为现场满足验收条件后方可开展	换流阀阀塔已完成全部例行验收工作，阀控系统已上电		
2	人员安排	（1）验收组建议至少安排运检人员2人、换流阀厂家人员3人、监理1人、平台车专职驾驶员1人（厂家或施工单位人员）。 （2）将验收组内部分为阀塔小组、后台小组。阀塔小组需运检1人、厂家2人、监理1人；后台小组需厂家1人、运检1人	验收前成立临时专项验收组，组织运检、施工、厂家、监理人员共同开展验收工作		
3	车辆工具安排	验收工作开展前，准备好验收所需车辆机具、仪器仪表、工器具、安全防护用品、验收记录材料、相关图纸及相关技术资料	（1）车辆机具、仪器仪表、工器具、安全防护用品应试验合格，满足本次施工的要求。 （2）验收记录材料、相关图纸及相关技术资料齐全并符合现场实际情况		
4	验收交底	根据本次作业内容和性质确定好检修人员，并组织学习本作业卡	要求所有工作人员都明确本次工作的作业内容、进度要求、作业标准及安全注意事项		

表 1-8-2　　阀组件试验工器具清单

序号	名称	型号	数量	备注
1	阀厅平台车	—	1辆	
2	安全带	—	每人1套	
3	车辆接地线	—	1根	
4	子模块加压仪	—	1台	
5	电源线盘	50m	1个	
6	叉车	—	1辆	
7	对讲机	—	3台	
8	旁路开关挑开器	（螺钉旋具等）	1把	

1.8.3 验收检查记录

子模块低压加压试验工作流程（普瑞）见表1-8-3，子模块低压加压试验工作流程（许继）见表1-8-4，子模块低压加压试验工作流程（南瑞）见表1-8-5，子模块低压加压试验工作流程（荣信）见表1-8-6。

表1-8-3　　子模块低压加压试验验收检查记录（普瑞）

序号	验收项目	验收方法及标准	验收结论（√或×）	备注
1	试验准备工作	阀塔全部安装工作已完成，阀塔已清洁		
2		阀塔塔内验收工作完成，阀控系统安装调试完成		
3		断开桥臂阀塔进出引线（或首尾子模块的母排），并做好记录		
4		从检修电源箱取电，子模块测试仪采用带有漏电保护装置的接线盘接线，并做好接地		
5		检修平台车接地，子模块测试仪（加压仪）、旁路开关拨开器（螺钉旋具等）、绝缘手套、对讲机、放电线（感应电、静电放电线）放置于检修平台车上		
6		将人员分为2组，1组在平台车上开展试验，1组在阀控后台下发命令并查看相应事件		
7	子模块低压加压试验	试验前将阀控检修模式投入		
8		若采用子模块并联加压方式，提前做好子模块的并联处理		
9		使用高压电缆连接到测试子模块或阀段两侧，将子模块测试仪升压到大于单个子模块的IGBT退饱和定值		《国家电网有限公司防止柔性直流关键设备事故措施（试行）》
10		检查后台显示子模块电压值与加压值接近，子模块电压分散性小		
11		断开子模块测试仪（加压仪）		
12		阀控后台下发低压加压测试命令，冗余通道和本通道均需进行触发的测试下发，涉及接口机箱的切换		
13		后台人员应逐项核对后台报文情况，应无通信告警、子模块无任何故障		
14		子模块放电过程中，欠电压旁路成功，等放电完成后跳开旁路开关		
15		给子模块再次上电，检查子模块无任何异常，无任何告警和故障		
16		测试过程中，部分子模块选择A系统测试，部分子模块选择B系统测试		

表 1-8-4　　子模块低压加压试验工作流程（许继）

序号	验收项目	验收方法及标准	验收结论（√或×）	备注
1	试验准备工作	阀塔全部安装工作已完成，阀塔已清洁		
2		阀塔塔内验收工作完成，阀控系统安装调试完成		
3		断开桥臂阀塔进出引线（或首尾子模块的母排），并做好记录		
4		从检修电源箱取电，子模块测试仪（加压仪）、子模块控制电源 220V 采用带有漏电保护装置的接线盘接线，并做好接地		
5		检修平台车接地，子模块测试仪（加压仪）、子模块控制电源 220V、旁路开关拨开器（螺钉旋具等）、绝缘手套、对讲机、放电线（感应电、静电放电线）放置于检修平台车上		
6		将人员分为 2 组，1 组在平台车上开展试验，1 组在阀控后台下发命令并查看相应事件		
7	子模块低压加压试验	试验前将阀控检修模式投入		
8		采用并联方式用电缆线将子模块控制电源 220V 接到子模块对应取能电源输出插孔上，使中控板、驱动板带电实现与阀控的通信，控制子模块的导通关断		
9		使用高压电缆将子模块测试仪（加压仪）连接到测试阀段或阀塔两侧，将子模块测试仪升压到大于单个子模块的欠电压值（驱动过流保护不动作）		
10		阀控后台下发低压加压测试命令，逐个控制子模块，对子模块进行低压加压测试。冗余通道和本通道均需进行触发的测试下发		
11		测试回路放电电阻投入，子模块掉电过程中欠电压故障旁路成功。等待回路中所有子模块测试完成后，拨开子模块旁路开关，并测量子模块两端电阻，确保旁路开关已分开		
12		后台人员应逐项核对后台报文情况，应无通信告警、子模块无其他任何故障、子模块欠电压旁路成功；现场人员观察子模块掉电旁路成功		

表 1-8-5　　子模块低压加压试验工作流程（南瑞）

序号	验收项目	验收方法及标准	验收结论（√或×）	备注
1	试验准备工作	阀塔全部安装工作已完成，阀塔已清洁		
2		阀塔塔内验收工作完成，阀控系统安装调试完成		

续表

序号	验收项目	验收方法及标准	验收结论（√或×）	备注
3	试验准备工作	断开桥臂阀塔进出引线（或首尾子模块的母排），并做好记录		
4		从检修电源箱取电，子模块测试仪（加压仪）、子模块控制电源220V采用带有漏电保护装置的接线盘接线，并做好接地		
5		检修平台车接地，阀塔批量测试屏柜（或子模块测试仪）、旁路开关拨开器（螺钉旋具等）、绝缘手套、对讲机、放电线（感应电、静电放电线）放置于检修平台车上		
6		将人员分为2组，1组在阀厅就地侧开展试验，1组在阀控后台下发命令并查看相应事件		
7	子模块低压加压试验（阀塔级批量测试）	试验前将阀控检修模式投入		
8		塔上每层放置分线器连接每层子模块测试端子，采用电缆分别将分线器进线端、塔顶及塔底出线端连接至阀塔批量测试屏柜直流正、直流负与放电端子		
9		启动阀塔批量测试屏柜，阀控后台下发阀塔级子模块批量低压加压测试命令，将整塔子模块逐级加压至试验电压并维持，完成功能测试，后台人员核对事件报文及子模块监视画面		
10		阀控后台下发子模块批量放电旁路命令，整塔子模块逐个经外回路放电电阻快速放电后合旁路开关		
11		后台人员核对事件报文及子模块监视画面，应无通信告警、子模块无其他任何故障		
12		确认子模块放电完毕后，测试人员上塔检查旁路开关位置状态、拆线并分旁路开关，用万用表测量子模块端口确认旁路开关已分开		
13	子模块低压加压试验（单模块测试）	试验前将阀控检修模式投入		
14		采用电缆线将子模块电容器的正、负极性端连接到功能测试仪输出电压端子，将子模块测试仪升压到大于单个子模块的饱和值，使中控板、驱动板带电实现与阀控的通信		《国家电网有限公司防止柔性直流关键设备事故措施（试行）》
15		阀控后台下发低压加压测试命令，对待试子模块进行低压加压测试		
16		控制子模块旁路开关合闸，现场人员观察子模块旁路成功，子模块放电后拨开子模块旁路开关；子模块断电后测量子模块端口电阻，确保旁路开关已分开		
17		后台人员应逐项核对后台报文情况，应无通信告警、子模块无其他任何故障		

表 1-8-6　　子模块低压加压试验工作流程（荣信）

序号	验收项目	验收方法及标准	验收结论（√或×）	备注
1	试验准备工作	阀塔全部安装工作已完成，阀塔已清洁		
2		阀塔塔内验收工作完成，阀控系统安装调试完成		
3		断开桥臂阀塔进出引线（或首尾子模块的母排），并做好记录		
4		从检修电源箱取电，子模块测试仪（加压仪）采用带有漏电保护装置的接线盘接线，并做好接地		
5		检修平台车接地，子模块测试仪（加压仪）、旁路开关拨开器（螺钉旋具等）、绝缘手套、对讲机、放电线（感应电、静电放电线）放置于检修平台车上		
6		将人员分为 2 组，1 组在平台车上开展试验，1 组在阀控后台下发命令并查看相应事件		
7	子模块低压加压试验	试验前将阀控检修模式投入		
8		将子模块测试仪（加压仪）输出电缆接入所测试子模块前面板预留的测试接口，升压将每个子模块电压抬升至不低于 IGBT 退饱和定值		《国家电网有限公司防止柔性直流关键设备事故措施（试行）》
9		在阀控后台设置为“自动测试模式”，并选择“模块本地旁路接触器测试”（本地直接触发旁路）或“相邻模块旁路接触器测试”（冗余触发旁路），点击“启动模块测试”，阀控自动执行子模块配置检查、子模块复位，并依次完成对本次上电的子模块的 IGBT 触发及旁路触发测试		
10		阀控后台逐项核对报文和遥信状态，子模块无异常告警及故障信号，子模块正常旁路		
11		子模块测试仪（加压仪）放电，待所有模块放电完毕后，分开所有模块的旁路开关		
12		重新用子模块测试仪（加压仪）给本次测试的所有模块加电，在阀控后台观察子模块的旁路接触器处于分闸状态，下发复位命令，所有模块无异常故障信号		
13		子模块测试仪（加压仪）放电，待所有模块放电完毕后，拔掉接入子模块的电缆，本组测试完毕		

1.8.4　验收记录表格

子模块低压加压试验验收记录表见表 1-8-7。

表 1-8-7　　子模块低压加压试验验收记录表

设备名称	试验项目	验收人
	子模块低压加压试验	
极ⅠA相上桥臂1号阀塔		
极ⅠB相上桥臂2号阀塔		
极ⅡC相下桥臂1号阀塔		
……		

1.8.5　专项检查表格

在工作中对于重要的内容进行专项检查记录并留档保存。子模块低压加压试验专项检查表见表1-8-8。

表 1-8-8　　子模块低压加压试验专项检查表

检查人	×××		检查日期	××××年××月××日
设备名称	外观检查	器件（触发正常，无旁路）	无驱动、取能电源故障通信正常（无通信异常）	旁路成功
极ⅠA相上桥臂1号阀塔1层1号阀段				
极ⅠA相上桥臂1号阀塔1层1号阀段1号子模块				
……				

1.8.6　检查评价表格

对工作中检查出的问题进行汇总记录，并进行验收评价，留档保存，表格示例见表1-8-9。

表 1-8-9　　子模块低压加压试验验收评价表

检查人	×××	检查日期	××××年××月××日
存在问题汇总			

1.9 阀塔水压试验验收标准作业卡

1.9.1 验收范围说明

本验收标准作业卡适用于换流站柔性直流换流阀阀塔水压试验交接验收工作，验收范围包括：

（1）普瑞柔性直流换流阀；

（2）南瑞柔性直流换流阀；

（3）许继柔性直流换流阀；

（4）荣信柔性直流换流阀；

（5）ABB 柔性直流换流阀。

1.9.2 验收准备工作

各阶段验收工作开展前，运检人员应当提前明确验收的时间、人员、车辆机具、仪器工具、图纸资料等，并至少在验收开展的前一天完成准备工作的确认。阀塔水压试验准备工作表见表 1-9-1，阀塔水压试验工器具清单见表 1-9-2。

表 1-9-1 阀塔水压试验准备工作表

序号	项目	工作内容	实施标准	负责人	备注
1	时间安排	验收工作开展前，应当组织业主、厂家、施工、监理、运检人员现场联合勘查，在各方均认为现场满足验收条件后方可开展	换流阀阀塔、水冷设备安装工作已完成，完成阀塔清理工作		
2	人员安排	（1）需提前沟通好换流阀和水冷验收作业面，由两个作业面配合共同开展。 （2）验收组建议至少安排运检人员 2 人、换流阀厂家人员 3 人、水冷厂家 1 人、监理 2 人、平台车专职驾驶员 1 人（厂家或施工单位人员）。 （3）将验收组内部分为阀冷小组和换流阀小组。阀冷小组运检 1 人、水冷厂家 1 人、换流阀厂家 1 人、监理 1 人；换流阀小组运检 1 人、换流阀厂家 2 人、监理 1 人	验收前成立临时专项验收组，组织运检、施工、厂家、监理人员共同开展验收工作		

续表

序号	项目	工作内容	实施标准	负责人	备注
3	车辆工具安排	验收工作开展前，准备好验收所需车辆机具、仪器仪表、工器具、安全防护用品、验收记录材料、相关图纸及相关技术资料	(1) 车辆机具、仪器仪表、工器具、安全防护用品应试验合格，满足本次施工的要求。 (2) 验收记录材料、相关图纸及相关技术资料齐全并符合现场实际情况		
4	验收交底	根据本次作业内容和性质确定好检修人员，并组织学习本作业卡	要求所有工作人员都明确本次工作的作业内容、进度要求、作业标准及安全注意事项		

表 1-9-2　　阀塔水压试验工器具清单

序号	名称	型号	数量	备注
1	阀厅平台车	—	每3人1辆	
2	连体防尘服	—	每人1套	
3	安全带	—	每人1套	
4	车辆接地线	—	1根	
5	去离子水	—	若干	

1.9.3 验收检查记录

阀塔水压试验工作流程见表 1-9-3。

表 1-9-3　　阀塔水压试验工作流程

序号	验收项目	验收方法及标准	验收结论（√或×）	备注
1	水压试验准备工作	水压试验前检查水冷设备状态正常，由阀水冷厂家人员关闭主泵和相关阀门		
2		阀塔排气完成，排气阀关闭、阀塔塔底蝶阀打开		
3		通过补水泵将水压补到额定值，并记录水压		

续表

序号	验收项目	验收方法及标准	验收结论（√或×）	备注
4	静态水压试验	通过补水泵对内冷水系统进行补充压力至正常压力 1.5 倍，进行 60min 静态打压，或按照厂家技术规范要求进行水压试验		《柔性直流电网换流阀验收规范》（Q/GDW 12022—2019）
5		在进阀水压达到试验要求时开始计时，并拍照记录水压值；水压试验结束时再次记录内水冷的进阀压力值，与试验前的值进行对比，压力相差不应该超过额定试验压力的 5%		
6		水压试验结束后放水直至水压恢复正常		
7	水压试验结果验证	水压试验过程中，安排人员进入阀塔或坐平台车在阀塔两侧，逐层通过目测和手摸的方式检查是否发生渗漏水		
		若发现漏水或水压无法加上，则立即停止试验，并在处理后重新开展水压试验		

1.9.4 验收记录表格

阀塔水压试验验收记录表见表 1-9-4。

表 1-9-4　　阀塔水压试验验收记录表

设备名称	试验项目	验收人
	阀塔水压试验	
极ⅠA 相上桥臂 1 号阀塔		
极ⅠB 相上桥臂 2 号阀塔		
极ⅡC 相下桥臂 1 号阀塔		
……		

1.9.5 检查评价表格

对工作中检查出的问题进行汇总记录，并进行验收评价，留档保存，表格示例见表 1-9-5。

表 1-9-5 阀塔水压试验验收评价表

检查人	×××	检查日期	××××年××月××日
存在问题汇总			

1.10 漏水检测装置验收标准作业卡

1.10.1 验收范围说明

本验收标准作业卡适用于换流站柔性直流换流阀漏水检测装置验收交接验收工作，验收范围包括：

（1）普瑞柔性直流换流阀；

（2）南瑞柔性直流换流阀；

（3）许继柔性直流换流阀；

（4）荣信柔性直流换流阀；

（5）ABB柔性直流换流阀。

1.10.2 验收准备工作

各阶段验收工作开展前，运检人员应当提前明确验收的时间、人员、车辆机具、仪器工具、图纸资料等，并至少在验收开展的前一天完成准备工作的确认。漏水检测装置验收准备工作见表1-10-1，漏水检测装置验收工器具清单见表1-10-2。

表 1-10-1 漏水检测装置验收准备工作表

序号	项目	工作内容	实施标准	负责人	备注
1	时间安排	验收工作开展前，应当组织业主、厂家、施工、监理、运检人员现场联合勘查，在各方均认为现场满足验收条件后方可开展	换流阀阀塔塔上工作全部完成、阀控屏柜安装工作已完成		
2	人员安排	每个验收组建议至少安排阀塔漏水监测装置处运检人员1人、厂家人员1人；监控后台运检人员1人、厂家人员1人、监理1人。监控后台与阀塔人员间通过对讲机沟通	验收前成立临时专项验收组，组织运检、施工、厂家、监理人员共同开展验收工作		

续表

序号	项目	工作内容	实施标准	负责人	备注
3	验收交底	根据本次作业内容和性质确定好验收人员，并组织学习本作业卡	要求所有工作人员都明确本次工作的作业内容、进度要求、作业标准及安全注意事项		

表 1-10-2　　漏水检测装置验收工器具清单

序号	名称	型号	数量	备注
1	水桶	—	1个	
2	抹布	—	1块	
3	对讲机	—	2台	

1.10.3　验收工作流程

漏水检测装置验收工作流程见表 1-10-3。

表 1-10-3　　漏水检测装置验收工作流程

序号	验收项目	验收方法及标准	验收结论（√或×）	备注
1	漏水检测装置检查	滴水盘坡度合理，外观正常，无破损、异物		
		漏水检测装置外观正常，无破损、异物		
2	漏水检测装置倒水测试	用水桶接满水，并倒入漏水检测装置中，检查后台漏水检测装置是否发生报警，停止倒水后是否正常复归		
3		分别模拟检测轻微漏水和严重漏水，检查后台是否能正确报出报文		
4		阀塔漏水检测装置动作投报警，不投跳闸		
5	漏水检测装置故障检测功能验证	拔下漏水检测装置光纤，检查后台是否有装置故障报文（部分换流阀技术路线有此功能）		
6		拔下漏水检测严重漏水光纤或用其他方式直接模拟严重漏水（有严重漏水信号、无轻微漏水信号），查看后台是否有装置故障报文		

1.10.4 验收记录表格

漏水检测装置验收记录表见表 1-10-4。

表 1-10-4　　　　漏水检测装置验收记录表

设备名称	位置	验收项目			验收人
		漏水检测装置检查	漏水检测装置倒水测试	漏水检测装置故障检测功能验证	
极ⅠA相上桥臂1号塔	2号阀段侧				
	5号阀段侧				
极ⅠA相上桥臂2号塔	2号阀段侧				
	5号阀段侧				
……					

1.10.5 专项检查表格

在工作中对于重要的内容进行专项检查记录并留档保存。漏水检测装置专项检查表见表 1-10-5。

表 1-10-5　　　　漏水检测装置专项检查表

检查人		×××		检查日期	××××年××月××日
设备名称		轻微漏水告警	轻微漏水复归	严重漏水告警	严重漏水复归
极ⅠA相上桥臂1号塔	2号阀段侧				
	5号阀段侧				
……					

1.10.6 检查评价表格

对工作中检查出的问题进行汇总记录，并进行验收评价，留档保存，表格示例见表 1-10-6。

表 1-10-6　　漏水检测装置验收评价表

检查人	×××	检查日期	××××年××月××日
存在问题汇总			

1.11 桥臂电流测试验收标准作业卡

1.11.1 验收范围说明

本验收标准作业卡适用于换流站柔性直流换流阀桥臂电流测试验收交接验收工作，验收范围包括：

（1）普瑞柔性直流换流阀；

（2）南瑞柔性直流换流阀；

（3）许继柔性直流换流阀；

（4）荣信柔性直流换流阀；

（5）ABB 柔性直流换流阀。

1.11.2 验收准备工作

各阶段验收工作开展前，运检人员应当提前明确验收的时间、人员、车辆机具、仪器工具、图纸资料等，并至少在验收开展的前一天完成准备工作的确认。桥臂电流测试验收准备工作表见表 1-11-1，桥臂电流测试验收工器具清单见表 1-11-2。

表 1-11-1　　桥臂电流测试验收准备工作表

序号	项目	工作内容	实施标准	负责人	备注
1	时间安排	验收工作开展前，应当组织业主、厂家、施工、监理、运检人员现场联合勘查，在各方均认为现场满足验收条件后方可开展	换流阀阀塔塔上工作全部完成、阀控屏柜安装工作已完成		

续表

序号	项目	工作内容	实施标准	负责人	备注
2	人员安排	(1) 需提前沟通好换流阀和桥臂 OCT 装置验收作业面，由两个作业面配合共同开展。 (2) 验收组建议至少安排运检人员 2 人、换流阀厂家人员 1 人、桥臂 OCT 厂家 2 人、监理 2 人、平台车专职驾驶员 1 人（厂家或施工单位人员）。 (3) 将验收组内部分为桥臂 OCT 小组和换流阀小组。桥臂 OCT 小组运检 1 人、厂家 2 人、监理 1 人；换流阀小组运检 1 人、厂家 1 人、监理 1 人	验收前成立临时专项验收组，组织运检、施工、厂家、监理人员共同开展验收工作		
3	验收交底	根据本次作业内容和性质确定好验收人员，并组织学习本作业卡	要求所有工作人员都明确本次工作的作业内容、进度要求、作业标准及安全注意事项		

表 1-11-2　　桥臂电流测试验收工器具清单

序号	名称	型号	数量	备注
1	阀厅平台车	—	1 辆	
2	安全带	—	每人 1 副	
3	车辆接地线	—	1 根	
4	对讲机	—	2 台	
5	抹布	—	1 块	
6	注流仪器	—	1 台	
7	保偏熔接机	—	1 个	
8	光纤擦拭盒	—	1 个	
9	调试线网线	—	1 条	
10	防静电手套	—	1 副	
11	熔接辅料	—	若干	

1.11.3 验收检查记录

桥臂电流测试验收检查记录见表 1-11-3。

表 1-11-3 桥臂电流测试验收检查记录表

序号	验收项目	验收方法及标准	验收结论（√或×）	备注
1	OCT 极性、变比、精度检查	在一次侧注入额定电流的 10%、20%、50%、80%、100%，阀控后台手动触发录波，观察录波得到电流比误差，应满足误差限值要求，准确度等级应至少满足 0.2 级。同时检查极性应与端子标志相一致		

1.11.4 验收记录表格

桥臂电流测试验收记录表见表 1-11-4。

表 1-11-4 桥臂电流测试验收记录表

设备名称	位置	验收项目			验收人
		极性情况	变比情况	精度情况	
极ⅠA 相	上桥臂 OCT	极性错误	变比错误	0.2%	
	下桥臂 OCT				
极ⅠB 相	上桥臂 OCT				
	下桥臂 OCT				
……					

1.11.5 检查评价表格

对工作中检查出的问题进行汇总记录，并进行验收评价，留档保存，表格示例见表 1-11-5。

表 1-11-5 漏水检测装置验收评价表

检查人	×××	检查日期	××××年××月××日
存在问题汇总			

1.12 阀控系统验收标准作业卡

1.12.1 验收范围说明

本验收标准作业卡适用于换流站双极高、低端换流阀阀控系统验收工作，验收范围包括：

（1）普瑞柔性直流换流阀阀控系统；

（2）南瑞柔性直流换流阀阀控系统；

（3）许继柔性直流换流阀阀控系统；

（4）荣信柔性直流换流阀阀控系统。

特殊说明：技术路线分为两种，一种为 2 层架构阀控，即阀控主机-接口机箱；另一种为 3 层架构阀控，即阀控主机-桥臂控制机箱-接口机箱。

1.12.2 验收准备工作

各阶段验收工作开展前，运检人员应当提前明确验收的时间、人员、车辆机具、仪器工具、图纸资料等，并至少在验收开展的前一天完成准备工作的确认。阀控系统验收准备工作见表 1-12-1，阀控系统验收工器具清单见表 1-12-2。

表 1-12-1 阀控系统验收准备工作表

序号	项目	工作内容	实施标准	负责人	备注
1	时间安排	验收工作开展前，应当组织业主、厂家、施工、监理、运检人员现场联合勘查，在各方均认为现场满足验收条件后方可开展	换流阀阀塔触发试验已完成，阀控系统分系统调试已完成		
2	人员安排	（1）需提前沟通好换流阀和水冷验收作业面，由两个作业面配合共同开展。 （2）验收组建议至少安排运检人员 1 人、换流阀厂家人员 2 人、直流控制保护厂家人员 1 人、监理 1 人	验收前成立临时专项验收组，组织运检、施工、厂家、监理人员共同开展验收工作		

续表

序号	项目	工作内容	实施标准	负责人	备注
3	车辆工具安排	验收工作开展前，准备好验收所需车辆机具、仪器仪表、工器具、安全防护用品、验收记录材料、相关图纸及相关技术资料	（1）车辆机具、仪器仪表、工器具、安全防护用品应试验合格，满足本次施工的要求。 （2）验收记录材料、相关图纸及相关技术资料齐全并符合现场实际情况		
4	验收交底	根据本次作业内容和性质确定好检修人员，并组织学习本作业卡	要求所有工作人员都明确本次工作的作业内容、进度要求、作业标准及安全注意事项		

表 1-12-2　　阀控系统验收工器具清单

序号	名称	型号	数量	备注
1	防静电手环	—	若干	
2	光纤插拔工具（如有）	—	1 个	
3	光纤清洁套装	—	1 套	
4	调试电脑	—	1 台	

1.12.3　验收检查记录

阀控系统验收检查记录见表 1-12-3。

表 1-12-3　　阀控系统验收检查记录表

序号	验收项目	验收方法及标准	验收结论（√或×）	备注
1	阀控系统外观验收	检查阀控系统屏柜外观良好，安装正确		
2		检查屏柜防火封堵完成，通风散热性能良好		
3		检查屏柜各板卡工作指示灯应正常。电源模块、继电器等元件指示应正常		
4		检查屏柜内电缆、光纤标识清晰，放置整齐，内部元件铭牌、型号、规格应符合设计要求，外观无损伤、变形		

续表

序号	验收项目	验收方法及标准	验收结论（√或×）	备注
5	阀控系统外观验收	面板、各元件、（切换）开关位置命名、标示正确，符合设计要求		
6		接线应排列整齐、清晰、美观，屏蔽、绝缘良好，无损伤。连接导线截面符合设计要求，标志清晰		
7		屏柜内外清洁无锈蚀，端子排清洁无异物		
8		光纤敷设及固定后的弯曲半径应大于纤（缆）径的15倍（厂家有特殊要求时应符合产品的技术规定），不得弯折和过度拉伸光纤，并应检测合格。光纤接头插入、锁扣到位，光缆、光纤排列整齐，固定良好，标识清晰。备用光纤数量应符合技术要求，布放完好		《超（特）高压直流输电控制保护系统检验规范》（DL/T 1780—2017）
9		盘、柜及电缆、光缆管道封堵应良好		
10		交直流应使用独立的电缆，分别供电		
11		阀控室阀控设备、换流阀的光缆开孔、通道应有足够的屏蔽措施，封堵良好		
12		屏柜固定良好，与基础型钢不宜焊接固定		
13		阀控柜应具备良好的通风、散热功能，防止阀控系统长期运行产生的热量无法有效散出而导致板卡故障		
14		检查阀控室、阀控屏防水、防潮措施到位，独立阀控间冗余配置的空调工作正常		
15	接地检查验收	屏柜应牢固接地良好，接地电阻小于0.5Ω，应用地脚螺丝固定，为防止地脚螺丝生锈，应采用镀锌制品紧固件，应尽量采用标准件，以便于更换		《继电保护及二次回路安装及验收规范》（GB/T 50976—2014）
16		屏柜下部应设有截面面积不小于100mm² 的接地铜排，屏柜上装置的接地端子应用截面面积不小于4mm² 的多股铜线和接地铜排相连		
17		电缆屏蔽层应使用截面面积不小于4mm² 多股铜质软导线可靠连接到等电位接地铜排上		
18		屏柜的门等活动部分应使用截面面积不小于4mm² 多股铜质软导线与屏柜体良好连接		
19		主机（装置）的机箱外壳应可靠接地		

续表

序号	验收项目	验收方法及标准	验收结论（√或×）	备注
20	阀控系统分系统试验	断电试验		
21		阀控自身内部插拔光纤试验		
22		阀控与极控间插拔光纤试验		
23	板卡带电更换模拟	更换阀控主机机箱、桥臂控制机箱（如有）内板卡，不应导致两套阀控系统不可用		
24		采用冗余控制的阀控系统，接口机箱内板卡更换不应导致阀控系统不可用		
25		更换机箱内电源板卡不应导致阀控系统不可用		
26	阀控系统切换试验	阀控系统的主从状态切换应与极控系统一致。当阀控系统收到极控系统发送的系统切换命令后，系统应能正常切换，相关指示显示正确		
27	阀控系统录波检查	工程阀控系统应具有独立的内置故障录波功能，录波信号应包括但不限于子模块触发信号、桥臂电流、子模块电容电压、极或换流器控制系统的交换信号等，在直流闭锁、阀控系统切换或异常时启动录波		
28	报文逻辑检查	根据反措要求，重点核实阀控系统传给后台监控系统（OWS）后台事件信息，检查后台事件信息显示正确（应按照设备厂家提供的信号表，逐一核对事件信息）		
29		要求厂家提供全部事件报文点表，并对每一类报文进行逐条模拟实现，并分析其报出逻辑是否正确		
30		对于部分需带电后才能实现的报文，在系统调试期间开展报文检查工作		
31		阀控系统出现瞬时扰动，扰动消失后告警应能自动复归		
32		阀控系统检测到阀控系统故障时应产生相应事件记录，事件记录应完备、清晰、明确，避免出现歧义		
33		运维人员模拟重要换流阀及阀控系统事件信息，检查后台事件信息显示正确		

1.12.4 验收记录表格

阀控系统验收记录表见表 1-12-4。

表 1-12-4 阀控系统验收记录表

设备名称	验收项目						验收人
	阀控系统外观验收	分系统试验	板卡带电更换模拟	系统切换试验	录波检查	报文逻辑检查	
极Ⅰ阀控系统							
极Ⅱ阀控系统							
阀控服务器							

1.12.5 专项检查表格

在工作中对于重要的内容进行专项检查记录并留档保存。阀控系统分系统测试专项检查表见表 1-12-5。

表 1-12-5 阀控系统分系统测试专项检查表

检查人	×××		检查日期	××××年××月××日	
一、电源切换试验					
步骤	操作方法	报文检查	动作结果	验收结论（√或×）	备注
1	断开阀控主机 A/B 机箱左/右电源空气开关	后台报“阀控主机 A/B 系统电源 1 路故障产生”	装置不掉电、系统不切换		
2	恢复阀控主机 A/B 机箱左/右电源空气开关	后台报“阀控主机 A/B 系统电源 1 路故障消失”			
3	断开阀控主机 A/B 机箱左与右电源空气开关	（1）后台报“阀控主机 A/B 系统电源 2 路故障产生”。 （2）与阀控主机 A/B 通信故障产生。 （3）与核心板 A/B 通信故障产生。 （4）阀控 A/B 系统 VBC_NOT_OK 产生。 （5）快速闭锁通道故障产生（如有）	装置掉电、系统切换		

续表

步骤	操作方法	报文检查	动作结果	验收结论（√或×）	备注
4	恢复阀控主机A/B机箱左与右电源空气开关	（1）后台报“阀控主机A/B系统电源2路故障消失”。 （2）与阀控主机A/B通信故障消失。 （3）与核心板A/B通信故障消失。 （4）阀控A/B系统VBC_NOT_OK消失			
5	断开阀控桥臂控制A/B机箱（如有）左/右电源空气开关	后台报“阀控桥臂控制A/B系统电源1路故障产生”	装置不掉电、系统不切换		
6	恢复阀控桥臂控制A/B机箱（如有）左/右电源空气开关	后台报“阀控桥臂控制A/B系统电源1路故障消失”			
7	断开阀控桥臂控制A/B机箱（如有）左与右电源空气开关	（1）后台报“阀控桥臂控制A/B系统电源2路故障产生”。 （2）与阀控主机A/B通信故障产生。 （3）与核心板A/B通信故障产生。 （4）阀控A/B系统VBC_NOT_OK产生。 （5）快速闭锁通道故障产生（如有）	装置掉电、系统切换		
8	恢复阀控桥臂控制A/B机箱（如有）左与右电源空气开关	（1）后台报“阀控桥臂控制A/B系统电源2路故障消失”。 （2）与阀控主机A/B通信故障消失。 （3）与核心板A/B通信故障消失。 （4）阀控A/B系统VBC_NOT_OK消失			
9	断开桥臂接口机箱左/右电源空气开关	（1）后台报“桥臂接口机箱电源1路故障产生”。 （2）与核心板A/B通信故障产生（与供电设计有关，普瑞交叉供电除外）	装置不掉电、系统不切换		
10	恢复桥臂接口机箱左/右电源空气开关	（1）后台报“桥臂接口机箱电源1路故障消失”。 （2）与核心板A/B通信故障消失（与供电设计有关，普瑞交叉供电除外）			

续表

步骤	操作方法	报文检查	动作结果	验收结论（√或×）	备注
11	断开桥臂接口机箱左与右电源空气开关	(1) 后台报“桥臂接口机箱电源 2 路故障产生”。 (2) 与核心板 A 与 B 通信故障产生	装置掉电、桥臂接口机箱切换		
12	恢复桥臂接口机箱左与右电源空气开关	(1) 后台报“桥臂接口机箱电源 2 路故障消失”。 (2) 与核心板 A 与 B 通信故障消失			
二、光纤插拔试验					
1	断开 PCP 至 VBC 的 A 系统的 IEC 下行光纤，随后恢复	断开时：VBC 报接收 PCP 控制通道 IEC 故障；VBC_NOT_OK 信号产生。恢复后：故障信号消失	若 A 系统为主用则切系统		
2	断开 PCP 至 VBC 的 A 系统的 IEC 上行光纤，随后恢复	断开时：PCP 报接收 VBC 控制通道 IEC 故障；恢复后：故障信号消失	若 A 系统为主用则切系统		
3	断开 VBC A 系统的 VBC_OK 光纤，随后恢复	断开时：PCP 报 VBC VBC_OK 通道故障；恢复后：故障信号消失	若 A 系统为主用则切系统		
4	断开 VBC A 系统的 Trip 光纤，随后恢复	断开时：PCP 报 VBC Trip 通道故障；恢复后：故障信号消失	若 A 系统为主用则切系统		
5	断开 PCP 至 VBC 的 A 系统的值班信号光纤，随后恢复	断开时：VBC 报接收 PCP 值班信号通道故障；VBC_NOT_OK 信号产生；恢复后：故障信号消失	若 A 系统为主用则切系统		
6	断开 VBCA 至 PCP 系统的消能装置动作信号光纤，随后恢复	断开时：PCP 报接收 VBC 消能装置动作信号通道故障；恢复后：故障信号消失	若 A 系统为主用则切系统		
7	断开 VBC A 系统发送给 B 系统的同步光纤，随后恢复	断开时：VBC B 报接收 VBC A 同步信号通道故障；恢复后：故障信号消失	只告警		
8	断开 VBC A 系统接收 B 系统的同步光纤，随后恢复	断开时：VBC A 报接收 VBC B 同步信号通道故障；恢复后：故障信号消失	只告警		
9	断开阀控主机 A 与桥臂控制机箱的 IEC 下行光纤，随后恢复	断开时：VBC 报桥臂控制机箱接收阀控主机 IEC 信号通道故障；VBC_NOT_OK 信号产生；恢复后：故障信号消失	若 A 系统为主用则切系统		

续表

步骤	操作方法	报文检查	动作结果	验收结论（√或×）	备注
10	断开阀控主机A与桥臂控制机箱的IEC上行光纤，随后恢复	断开时：VBC报阀控主机接收桥臂控制机箱IEC信号通道故障；VBC_NOT_OK信号产生；恢复后：故障信号消失	若A系统为主用则切系统		
11	断开桥臂控制机箱A与接口机箱的奇或偶IEC下行光纤，随后恢复	断开时：VBC报接口机箱核心板接收桥臂控制机箱奇或偶IEC信号通道故障；恢复后：故障信号消失	只告警，切机箱		
12	断开桥臂控制机箱A与接口机箱的奇或偶IEC上行光纤，随后恢复	断开时：VBC报桥臂控制机箱接收接口机箱接口板奇或偶IEC信号通道故障；恢复后：故障信号消失	只告警，切机箱		
13	断开桥臂控制机箱A与接口机箱的奇和偶IEC下行光纤，随后恢复	断开时：VBC报接口机箱核心板接收桥臂控制机箱奇和偶IEC信号通道故障；恢复后：故障信号消失	若A系统为主用则切系统		
14	断开桥臂控制机箱A与接口机箱的奇和偶IEC上行光纤，随后恢复	断开时：VBC报桥臂控制机箱接收接口机箱接口板奇和偶IEC信号通道故障；恢复后：故障信号消失	若A系统为主用则切系统		
15	断开阀控主机A与接口机箱的奇或偶IEC下行光纤，随后恢复	断开时：VBC报接口机箱核心板接收阀控主机奇或偶IEC信号通道故障；恢复后：故障信号消失	只告警，切机箱		
16	断开阀控主机A与接口机箱的奇或偶IEC上行光纤，随后恢复	断开时：VBC报阀控主机接收接口机箱核心板奇或偶IEC信号通道故障；恢复后：故障信号消失	只告警，切机箱		
17	断开阀控主机A与接口机箱的奇和偶IEC下行光纤，随后恢复	断开时：VBC报接口机箱核心板接收阀控主机奇和偶IEC信号通道故障；恢复后：故障信号消失	若A系统为主用则切系统		
18	断开阀控主机A与接口机箱的奇和偶IEC上行光纤，随后恢复	断开时：VBC报阀控主机接收接口机箱核心板奇和偶IEC信号通道故障；恢复后：故障信号消失	若A系统为主用则切系统		

续表

步骤	操作方法	报文检查	动作结果	验收结论（√或×）	备注
19	断开阀控主机A与控制用桥臂电流OCT光纤，随后恢复	断开时：VBC报阀控主机接收××桥臂电流信号通道故障；VBC_NOT_OK信号产生；恢复后：故障信号消失	若A系统为主用则切系统		
20	断开桥臂控制机箱A与控制用桥臂电流OCT光纤，随后恢复	断开时：VBC报桥臂控制机箱接收××桥臂电流信号通道故障；VBC_NOT_OK信号产生；恢复后：故障信号消失	若A系统为主用则切系统		
21	断开阀控主机A与接口机箱的快速闭锁通道下行光纤，随后恢复	断开时：VBC报接口机箱核心板接收阀控主机快速闭锁信号通道故障；恢复后：故障信号消失	若A系统为主用则切系统		
22	断开桥臂控制机箱A与接口机箱的快速闭锁通道下行光纤，随后恢复	断开时：VBC报接口机箱核心板接收桥臂控制机箱快速闭锁信号通道故障；恢复后：故障信号消失	若A系统为主用则切系统		
23	断开阀控主机A与三取二机箱A的通道下行光纤，随后恢复	断开时：VBC报三取二接收阀控主机A单套信号通道故障；恢复后：故障信号消失	只告警		
24	断开阀控主机A与三取二机箱A的通道上行光纤，随后恢复	断开时：VBC报阀控主机接收三取二单套信号通道故障；恢复后：故障信号消失	只告警		
25	断开阀控主机A与三取二机箱A与B的通道下行光纤，随后恢复	断开时：VBC报三取二A/B接收阀控主机A单套信号通道故障；恢复后：故障信号消失	若A系统为主用则切系统		
26	断开阀控主机A与三取二机箱A与B的通道上行光纤，随后恢复	断开时：VBC报阀控主机接收三取二A/B双套信号通道故障；恢复后：故障信号消失	若A系统为主用则切系统		
27	断开桥臂控制机箱A与三取二机箱的通道下行光纤，随后恢复	断开时：VBC报三取二接收桥臂控制机箱A单套信号通道故障；恢复后：故障信号消失	只告警		
28	断开桥臂控制机箱A与三取二机箱的通道上行光纤，随后恢复	断开时：VBC报桥臂控制机箱A接收三取二单套信号通道故障；恢复后：故障信号消失	只告警		
29	断开桥臂控制机箱A与三取二机箱A与B的通道下行光纤，随后恢复	断开时：VBC报三取二A/B接收桥臂控制机箱A单套信号通道故障；恢复后：故障信号消失	若A系统为主用则切系统		

续表

步骤	操作方法	报文检查	动作结果	验收结论（√或×）	备注
30	断开桥臂控制机箱 A 与三取二机箱 A 与 B 的通道上行光纤，随后恢复	断开时：VBC 报阀控主机接收桥臂控制机箱 A/B 双套信号通道故障；恢复后：故障信号消失	若 A 系统为主用则切系统		
31	断开过流检测机箱 A 与保护用桥臂电流 OCT 光纤，随后恢复	断开时：VBC 报过流检测机箱 A 接收××桥臂电流信号通道故障；恢复后：故障信号消失	退 A 套保护，二取一		
32	断开过流检测机箱 A 和 B 与保护用桥臂电流 OCT 光纤，随后恢复	断开时：VBC 报过流检测机箱 A、B 接收××桥臂电流信号通道故障；恢复后：故障信号消失	退 A、B 套保护，一取一		
33	断开过流检测机箱 A、B、C 与保护用桥臂电流 OCT 光纤，随后恢复	断开时：VBC 报过流检测机箱 A、B、C 接收××桥臂电流信号通道故障；恢复后：故障信号消失	2 套三取二装置不可用，申请跳闸		
34	断开过流检测机箱 A 与三取二机箱 A 光纤，随后恢复	断开时：VBC 报过流三取二 A 接收检测 A 套信号通道故障；恢复后：故障信号消失	三取二 A 退 A 套保护		
35	断开过流检测机箱 A 与三取二机箱 A、B 光纤，随后恢复	断开时：VBC 报过流三取二 A 接收检测 A 套信号通道故障；恢复后：故障信号消失	三取二 A、B 退 A 套保护		
三、板卡带电更换模拟					
步骤	方案	后台事件	动作结果	验收结论（√或×）	备注
1	在阀控主机、桥臂控制机箱中，断开 A 系统双套电源开关及板卡上的电源开关	检查后台 B 系统不应产生 VBC_NOT_OK 异常事件，会伴随着 A 套失电告警，相关通信故障			
2	拔出电源板卡，使之与背板脱离，随后恢复，查看对 B 系统影响	检查 B 系统无事件产生			
3	恢复 A 系统电源，查看告警是否复归	检查后台无异常事件			

续表

步骤	操作方法	报文检查	动作结果	验收结论（√或×）	备注
4	在阀控主机、桥臂控制机箱中，断开A系统板卡上的电源开关	检查后台B系统不应产生VBC_NOT_OK异常事件，会伴随着A套失电告警，相关通信故障			
5	拔出A系统主控板，使之与背板脱离，随后恢复，查看对B系统影响	检查B系统无事件产生			
6	恢复A系统电源，查看告警是否复归	检查后台无异常事件			
7	在接口机箱中，断开A系统板卡上的电源开关	检查后台B系统不应产生VBC_NOT_OK异常事件，会伴随着A套失电告警			
8	拔出A系统电源板，使之与背板脱离，随后恢复，查看对B系统影响	检查B系统无事件产生			
9	恢复A系统电源，查看告警是否复归	检查后台无异常事件			
10	在接口机箱中，断开A系统板卡上的电源开关	检查后台B系统不应产生VBC_NOT_OK异常事件，会伴随着A套失电告警，相关通信故障			
11	拔出A系统核心板，使之与背板脱离，随后恢复，查看对B系统影响	检查B系统无事件产生			
12	恢复A系统电源，查看告警是否复归	检查后台无异常事件			
13	在接口机箱中，断开A、B系统板卡上的电源开关	检查后台A、B系统不应产生VBC_NOT_OK异常事件			
14	拔出接口板，使之与背板脱离，随后恢复，查看对B系统影响	检查A、B系统无事件产生			
15	恢复A系统电源，查看告警是否复归	检查后台无异常事件			
四、系统切换测试					
步骤	方案	后台事件	动作结果	验收结论（√或×）	备注
1	PCP两套正常状态A值班B备用情况下，运行人员进行主动切系统	B升为值班，A退为备用	B升为值班，A退为备用		

1.12.6 检查评价表格

对工作中检查出的问题进行汇总记录，并进行验收评价，留档保存，表格示例见表1-12-6。

表1-12-6 阀控系统验收评价表

检查人	×××	检查日期	××××年××月××日
存在问题汇总			

1.13 换流阀投运前检查标准作业卡

1.13.1 验收范围说明

本验收作业卡适用于换流站换流阀投运前检查工作，验收范围包括：

（1）普瑞柔性直流换流阀；

（2）南瑞柔性直流换流阀；

（3）许继柔性直流换流阀；

（4）荣信柔性直流换流阀。

1.13.2 验收准备工作

各阶段验收工作开展前，运检人员应当提前明确验收的时间、人员、车辆机具、仪器工具、图纸资料等，并至少在验收开展的前一天完成准备工作的确认。换流阀投运前检查准备工作表见表1-13-1，换流阀投运前检查工器具清单见表1-13-2。

表1-13-1 换流阀投运前检查准备工作表

序号	项目	工作内容	实施标准	负责人	备注
1	时间安排	验收工作开展前，应当组织业主、厂家、施工、监理、运检人员现场联合勘查，在各方均认为现场满足验收条件后方可开展	换流阀阀塔所有验收工作已完成、低压加压试验通过		

续表

序号	项目	工作内容	实施标准	负责人	备注
2	人员安排	验收组建议至少安排运检人员1人、换流阀厂家人员1人、施工人员1人、监理1人、平台车专职驾驶员1人（厂家或施工单位人员）	验收前成立临时专项验收组，组织运检、施工、厂家、监理人员共同开展验收工作		
3	车辆工具安排	验收工作开展前，准备好验收所需车辆机具、仪器仪表、工器具、安全防护用品、验收记录材料、相关图纸及相关技术资料	（1）车辆机具、仪器仪表、工器具、安全防护用品应试验合格，满足本次施工的要求。 （2）验收记录材料、相关图纸及相关技术资料齐全并符合现场实际情况		
4	验收交底	根据本次作业内容和性质确定好检修人员，并组织学习本作业卡	要求所有工作人员都明确本次工作的作业内容、进度要求、作业标准及安全注意事项		

表1-13-2　　换流阀投运前检查工器具清单

序号	名称	型号	数量	备注
1	阀厅平台车	—	1辆	
2	安全带	—	每人1套	
3	车辆接地线	—	1根	
4	便携式直阻仪	—	1台	

1.13.3　验收检查记录

换流阀投运前验收检查记录见表1-13-3。

表1-13-3　　换流阀投运前验收检查表

序号	验收项目	验收方法及标准	验收结论（√或×）	备注
1	阀塔水管阀门位置检查	检查阀塔顶部排气阀关闭状态		《国家电网有限公司防止柔性直流关键设备事故措施（试行）》
2		检查阀塔底部泄空球阀关闭状态、进出水蝶阀打开状态		

续表

序号	验收项目	验收方法及标准	验收结论（√或×）	备注
3	阀塔进出母排	逐一检查每座阀塔进出母排恢复断引，并测量接触电阻，填入专项检查记录表		《国家电网有限公司防止柔性直流关键设备事故措施（试行）》
4	阀塔检查	在平台车上逐层检查阀塔有无遗留物件		
5		检查子模块外观正常，旁路开关分位		
6		检查滴水盘清洁无异物		
7	行车等检查	阀厅行车、可移动摄像头等禁止停留在阀塔正上方		
8	阀控屏柜检查	检查屏柜状态正常，无异常告警灯，后台无异常报文		
9		检查阀控检修压板（软压板、硬压板）、检修手把退出		
10		核对阀控定值参数		
11	备品备件检查	清点备件，备件数量按合同要求执行		

1.13.4 验收记录表格

换流阀投运前验收记录表见表1-13-4。

表1-13-4　　换流阀投运前验收记录表

设备名称	验收项目						验收人
	阀塔水管阀门位置检查	阀塔进出母排	阀塔检查	行车等检查	阀控屏柜检查	备品备件检查	
极Ⅰ换流阀							
极Ⅱ换流阀							
……							

1.13.5 专项检查表格

在工作中对于重要的内容进行专项检查记录并留档保存。阀塔进出母排断引点接触电阻专项检查表见表 1-13-5。

表 1-13-5　　阀塔进出母排断引点接触电阻专项检查表

接头位置	力矩线检查	接触电阻检查	接头位置	力矩线检查	接触电阻检查
极ⅠA相上桥臂进母排		10μΩ	极ⅠA相上桥臂出母排		
……					

1.13.6 检查评价表格

对工作中检查出的问题进行汇总记录，并进行验收评价，留档保存，表格示例见表 1-13-6。

表 1-13-6　　投运前验收检查评价表

检查人	×××	检查日期	××××年××月××日
存在问题汇总			

第 2 章　柔性直流控制保护设备

2.1　应用范围

本作业指导书适用于柔直换流站直流控制保护设备交接试验和竣工验收工作，部分验收项目需根据实际情况提前安排，通过随工验收、资料检查等方式开展，旨在指导并规范现场验收工作。

2.2　规范依据

本作业指导书的编制依据并不限于以下文件：

《国家电网有限公司十八项电网重大反事故措施（修订版）》（国家电网设备〔2018〕979 号）

《国家电网有限公司防止柔性直流关键设备事故措施及释义》

《继电保护及二次回路安装及验收规范》（GB/T 50976—2014）

《超（特）高压直流输电控制保护系统检验规范》（DL/T 1780—2017）

《继电保护和电网安全自动装置检验规程》（DL/T 995）

《高压直流输电直流控制保护系统检修规范》（Q/GDW 1961—2013）

《继电保护及安全自动装置验收规范》（Q/GDW 1914—2013）

《国家电网公司全过程技术监督精益化管理实施细则》

《国家电网公司直流换流站验收管理规定》

2.3　验收方法

2.3.1　验收流程

直流控制保护设备专项验收工作应参照表 2-3-1 验收项目内容顺序开展，并在验收工作中把握关键时间节点。

表 2-3-1　　直流控制保护设备验收标准流程

序号	验收项目	主要工作内容	参考工时	开展验收需满足的条件
1	隐蔽工程施工验收	(1) 电缆检查验收。 (2) 屏柜接地检查验收。 (3) 控制保护设备室环境验收	4h/控制保护室	(1) 电缆、光纤敷设完成，屏柜安装完成。 (2) 控制保护装置安装前
2	屏柜及装置验收	(1) 装置运行状态检查验收。 (2) 屏柜外观检查验收。 (3) 端子排检查验收。 (4) 封堵检查验收。 (5) 接地检查验收。 (6) 二次电缆检查验收。 (7) 光纤检查验收	1h/屏柜	装置及外部回路安装完成
3	二次回路验收	(1) 电源配置检查验收。 (2) 光 TA 回路检查验收。 (3) 零磁通 TA 回路检查验收。 (4) 常规电磁 TA 回路检查验收。 (5) 直流分压器回路检查验收。 (6) 交流电容式电压互感器（CVT）回路检查验收。 (7) 开关量输入回路检查验收。 (8) 开关量输出回路检查验收。 (9) 二次回路绝缘检查验收	2h/屏柜	装置及外部回路安装完成
4	接口功能验收	(1) 与阀控接口检查。 (2) 与阀冷系统接口检查。 (3) 与直流断路器接口检查（如有）。 (4) 与耗能装置接口检查（如有）。 (5) 与安稳装置接口检查。 (6) 与换流变压器电子控制装置（TEC）接口检查。 (7) 与消防系统接口检查。 (8) 与故障录波器接口检查	4h/装置	(1) 装置及外部回路安装完成。 (2) 与各子系统之间通信调试完毕

续表

序号	验收项目	主要工作内容	参考工时	开展验收需满足的条件
5	控制保护装置功能验收	（1）对时检查。 （2）零漂检查。 （3）电压、电流采样精度检查。 （4）CPU负载率、软件版本检查。 （5）保护定值、控制参数检查。 （6）三取二逻辑检查。 （7）整组试验	4h/装置	（1）装置及外部回路安装完成。 （2）单体装置调试完毕
6	控制系统专项试验	（1）主机断电试验。 （2）冗余控制系统切换试验。 （3）顺控联锁功能试验。 （4）系统故障响应试验	12h/装置	完成上述1～5项验收工作
7	保护系统专项试验	（1）主机断电试验。 （2）系统故障响应试验	12h/装置	完成上述1～5项验收工作
8	跳闸功能专项试验	（1）控制保护主机退出试验。 （2）紧急停运跳闸试验。 （3）直流分压器非电量跳闸试验。 （4）穿墙套管非电量跳闸试验。 （5）阀厅火灾跳闸试验	2h/装置	完成上述1～5项验收工作
9	通信总线、LAN网络故障响应试验	（1）同层控制与保护主机之间实时控制LAN网络。 （2）极层保护LAN网络。 （3）站层控制LAN网络。 （4）现场控制LAN网络。 （5）控制主机测量系统的IEC60044-8总线。 （6）保护主机测量系统的IEC60044-8总线。 （7）极间通信总线。 （8）CAN总线。 （9）信号电源丢失。 （10）交换机电源丢失	12h/装置	完成上述1～5项验收工作

续表

序号	验收项目	主要工作内容	参考工时	开展验收需满足的条件
10	直流控制保护系统投运前检查	（1）阀组控制主机投运前检查。 （2）极控制主机投运前检查。 （3）直流站控主机投运前检查。 （4）交流站控主机投运前检查。 （5）极保护主机投运前检查	2h/装置	（1）各分系统调试完成，并提供调试报告。 （2）全站具备投运条件

2.3.2 验收问题记录清单

对于验收过程中发现的隐患和缺陷，应当按照表2-3-2进行记录，每日向业主项目部提报，并由专人负责跟踪闭环进度。

表2-3-2　直流控制保护设备验收问题记录清单

序号	设备名称	问题描述	发现人	发现时间	整改情况
1	极保护装置	……	×××	××××年××月××日	……
…	……				

2.4 隐蔽工程施工验收标准作业卡

2.4.1 验收范围说明

本验收标准作业卡适用于换流站直流控制保护隐蔽工程施工验收工作，验收范围包括：

（1）控制保护设备室；

（2）电缆沟。

2.4.2 验收准备工作

各阶段验收工作开展前，运检人员应当提前明确验收的时间、人员、车辆机具、仪器工具、图纸资料等，并至少在验收开展的前一天完成准备工作的确认。隐蔽工程施工验收准备工作表见表 2-4-1，隐蔽工程施工验收工器具清单见表 2-4-2。

表 2-4-1　　隐蔽工程施工验收准备工作表

序号	项目	工作内容	实施标准	负责人	备注
1	时间安排	验收工作开展前，应当组织业主、厂家、施工、监理、运检人员现场联合勘查，在各方均认为现场满足验收条件后方可开展	电缆已敷设完成，屏柜接地安装完成		
2	人员安排	（1）如人员、车辆充足可组织多个验收组同时开展工作。 （2）每个验收组建议至少安排验收人员 1 人、厂家人员 1 人、施工单位 1 人、监理 1 人	验收前成立临时专项验收组，组织验收、施工、厂家、监理人员共同开展验收工作		
3	车辆工具安排	验收工作开展前，准备好验收所需工器具、安全防护用品、验收记录材料、相关图纸及相关技术资料	（1）工器具、安全防护用品应试验合格，满足本次施工的要求。 （2）验收记录材料、相关图纸及相关技术资料齐全并符合现场实际情况		
4	验收交底	根据本次作业内容和性质确定好检修人员，并组织学习本作业卡	要求所有工作人员都明确本次工作的作业内容、进度要求、作业标准及安全注意事项		

表 2-4-2　　隐蔽工程施工验收工器具清单

序号	名称	型号	数量	备注
1	安全帽	—	每人 1 顶	
2	探照灯	—	每人 1 个	

2.4.3　验收检查记录

隐蔽工程施工验收检查记录表见表 2-4-3。

表 2-4-3　　　　　　　　　　　　　　　　隐蔽工程施工验收检查记录表

序号	验收项目	验收方法及标准	验收结论（√或×）	备注
1	电缆检查验收	检查电缆沟内电缆（光缆）敷设、布局合格：重要负荷供电的双电源回路电缆，应分沟敷设。不具备条件时应敷设于电缆沟的不同侧并采取防火隔离措施；低压动力电缆、控制电缆和通信电缆同沟敷设时，应按照动力电缆、控制电缆、通信电缆由下而上的顺序排列。动力电缆与控制电缆之间采用防火隔板隔离，通信电缆宜放置在耐火槽盒内		
2		检查电缆无接头、无损伤		
3		屏柜内的导线不应有接头，导线芯线应无损伤		
4		使用于静态保护、控制等逻辑回路的控制电缆，应采用屏蔽电缆，其屏蔽层应两端接地		
5		光缆、电缆走向与敷设方式应符合施工图纸要求		
6	屏柜接地检查验收	检查二次等电位接地网敷设合格：在保护室屏柜下层的电缆室（或电缆沟道）内，沿屏柜布置的方向逐排敷设截面面积不小于 $100mm^2$ 铜排（缆），铜排（缆）的首端、末端分别连接，形成保护室的等电位地网。该等电位地网应与变电站主地网一点相连，连接点设置在保护室的电缆沟道入口处。等电位地网与主地网的连接应使用 4 根及以上，每根截面面积不小于 $50mm^2$ 的铜排（缆）		《继电保护及二次回路安装及验收规范》（GB/T 50976—2014）
7		屏柜接地铜排应用截面面积不小于 $50mm^2$ 的铜缆与保护室内的等电位接地网可靠相连		《继电保护及二次回路安装及验收规范》（GB/T 50976—2014）
8	控制保护设备室环境验收	二次设备安装环境应清洁，在设备室环境未达到要求前，不应开展控制保护设备的安装、接线和调试；在设备室内开展可能影响洁净度的工作时，须采用完好塑料罩等做好设备的密封防护措施。当施工造成设备内部受到污秽、粉尘污染时，应返厂清理并经测试正常，经专家论证确认设备安全可靠后方可使用，情况严重的应整体更换设备		

2.4.4 验收记录表格

在工作中对于重要的内容进行专项检查记录并留档保存。隐蔽工程施工验收项目记录表见表 2-4-4。

表 2-4-4 隐蔽工程施工验收项目记录表

序号	设备名称	验收项目		
		电缆检查验收	屏柜接地检查验收	控制保护设备室环境验收
1	极保护 A			
2	极保护 B			
3	极保护 C			
4	直流母线保护 A			
5	直流母线保护 B			
6	直流母线保护 C			
7	直流线路保护 A			
8	直流线路保护 B			
9	直流线路保护 C			
10	极控制 A			
11	极控制 B			
12	直流站控 A			
13	直流站控 B			
14	站用电控制 A			
15	站用电控制 B			
…	……			

2.4.5 检查评价表格

对工作中检查出的问题进行汇总记录，并进行验收评价，留档保存，表格示例见表 2-4-5。

表 2-4-5　　　　隐蔽工程施工验收评价表

检查人	×××	检查日期	×××年××月××日
存在问题汇总			

2.5　屏柜及装置验收标准作业卡

2.5.1　验收范围说明

本验收标准作业卡适用于换流站直流控制保护屏柜及装置验收工作，验收范围包括：直流控制保护屏柜及装置。

2.5.2　验收准备工作

各阶段验收工作开展前，运检人员应当提前明确验收的时间、人员、车辆机具、仪器工具、图纸资料等，并至少在验收开展的前一天完成准备工作的确认。直流控制保护屏柜及装置验收准备工作表见表 2-5-1，直流控制保护屏柜及装置验收工器具清单见表 2-5-2。

表 2-5-1　　　　直流控制保护屏柜及装置验收准备工作表

序号	项目	工作内容	实施标准	负责人	备注
1	时间安排	验收工作开展前，应当组织业主、厂家、施工、监理、运检人员现场联合勘查，在各方均认为现场满足验收条件后方可开展	装置及外部回路安装完成		
2	人员安排	（1）如人员、车辆充足可组织多个验收组同时开展工作。 （2）每个验收组建议至少安排运检人员 1 人，厂家人员 1 人，监理 1 人	验收前成立临时专项验收组，组织运检、施工、厂家、监理人员共同开展验收工作		
3	车辆工具安排	验收工作开展前，准备好验收所需仪器仪表、工器具、安全防护用品、验收记录材料、相关图纸及相关技术资料	（1）仪器仪表、工器具、安全防护用品应试验合格，满足本次施工的要求。 （2）验收记录材料、相关图纸及相关技术资料齐全并符合现场实际情况		
4	验收交底	根据本次作业内容和性质确定好检修人员，并组织学习本作业卡	要求所有工作人员都明确本次工作的作业内容、进度要求、作业标准及安全注意事项		

表 2-5-2　　直流控制保护屏柜及装置验收工器具清单

序号	名称	型号	数量	备注
1	万用表	—	1只	
2	光功率计	—	1支	
3	红光笔	—	1支	
4	螺钉旋具	—	每人1把	

2.5.3　验收检查记录

直流控制保护屏柜及装置验收检查记录表见表 2-5-3。

表 2-5-3　　直流控制保护屏柜及装置验收检查记录表

序号	验收项目	验收方法及标准	验收结论（√或×）	备注
1	装置运行状态检查验收	屏内无异常振动和异常声		
2		主机（装置）运行正常，指示灯正常，无报警		
3		风扇（如果有）运行正常，无报警，无积灰		
4		主机装置电源输出正常，无报警		
5		外部应无积灰，电源、信号线无断痕		
6		板卡和其他配件无弯曲、变形、挤压现象		
7	屏柜外观检查验收	屏柜固定良好，紧固件齐全完好，外观完好无损伤		
8		压板、转换开关、按钮完好，位置正确		
9		屏内电气元件及装置固定良好，相关配件齐全		
10		检查屏上所有裸露的带电器件间距均应大于 3mm		
11		屏上标志正确、齐全、清晰		
12		屏柜内照明正常，打印机工作正常（如有）		
13		屏柜顶部应无通风管道，对于屏柜顶部有通风管道的，屏柜顶部应装有防冷凝水的挡水隔板		
14		检查主机、板卡连接插件的固定及受力情况，防止接触不良造成故障或误发信号		
15		屏柜门开关灵活，能锁紧，关后无翘边、严重漏缝		

续表

序号	验收项目	验收方法及标准	验收结论（√或×）	备注
16	端子排检查验收	端子排应无损坏，固定牢固，绝缘良好		
17		端子应有序号，端子排便于更换且接线方便		
18		强、弱电端子分开布置（由于设计困难无法分开布置的，应有明显标志并设空端子隔开或设绝缘隔板）		
19		正、负电源之间以及经常带电的正电源与合闸或跳闸回路之间，应以空端子隔开		
20		接入交流电源220V或380V的端子应与其他回路端子采取有效隔离措施，并有明显标识		
21		交流电流、交流电压回路应采用试验端子，其他需断开的回路宜采用特殊端子或试验端子，试验端子应接触良好		
22		接线端子应与导线截面匹配，不应使用小端子配大截面导线		
23		每个接线端子的每侧接线宜为1根，不得超过2根		
24		对于插接式端子，不同截面的两根导线不应接在同一端子上；对于螺栓连接端子，当接两根导线时，中间应加平垫片		
25		电流回路端子的一个连接点不应压两根导线，也不应将两根导线压在一个压接头再接至一个端子		
26		接线应采用铜质或有电镀金属防锈层的螺栓紧固，且应有防松装置，引线裸露部分不大于5mm		
27		接线应排列整齐、清晰、美观，绝缘良好无损伤		
28		交、直流端子应分段布置		
29		控制信号端子排短接片不宜使用多孔短接片剪切加工，防止端子放电导致故障		
30	封堵检查验收	屏柜内底部应安装防火挡板，电缆缝隙、孔洞应使用防火堵料进行封堵，密封良好，美观大方		
31	接地检查验收	屏柜应牢固接地良好，接地电阻小于0.5Ω，应用地脚螺丝固定，为防止地脚螺丝生锈，应采用镀锌制品紧固件，应尽量采用标准件，以便于更换		
32		屏柜下部应设有截面面积不小于$100mm^2$的接地铜排，屏柜上装置的接地端子应用截面面积不小于$4mm^2$的多股铜线和接地铜排相连		《继电保护及二次回路安装及验收规范》（GB/T 50976—2014）

续表

序号	验收项目	验收方法及标准	验收结论（√或×）	备注
33	接地检查验收	电缆屏蔽层应使用截面面积不小于 4mm^2 多股铜质软导线可靠连接到等电位接地铜排上		《继电保护及二次回路安装及验收规范》（GB/T 50976—2014）
34		屏柜的门等活动部分应使用截面面积不小于 4mm^2 多股铜质软导线与屏柜体良好连接		《继电保护及二次回路安装及验收规范》（GB/T 50976—2014）
35		主机（装置）的机箱外壳应可靠接地		
36	二次电缆检查验收	主机（装置）的直流电源、交流电流、电压及信号引入回路应采用屏蔽阻燃铠装电缆		
		交直流回路不应合用同一根电缆；强电和弱电回路不应合用同一根电缆，且分层错开布置		
		冗余系统的电流回路、电压回路、直流电源回路、双跳闸绕组的控制回路等，不应合用一根多芯电缆		
		屏内配线应采用绝缘等级不低于 500V 的铜芯绝缘导线		
		TA、CVT（TV）及断路器跳闸回路的导线截面面积不应小于 2.5mm^2；一般控制回路截面面积不应小于 1.5mm^2；屏柜内导线的芯线截面面积不应小于 1.0mm^2；弱电回路在满足载流量和电压降及有足够机械强度的情况下，可采用截面面积不小于 0.5mm^2 的绝缘导线		
		屏柜的电缆应排列整齐，编号清晰，无交叉，并应固定牢固，不得使所接的端子排受到机械应力；电缆应有标识牌，标识牌应包括电缆编号、规格型号、长度及起止位置		
		电缆芯线和所配导线的端部均应标明其回路编号，编号应正确，字迹清晰且不易脱色		
		屏内二次接线紧固、无松动，与出厂图纸相符		
		备用电缆芯应配有保护帽		
37	光纤检查验收	光纤（缆）弯曲半径应大于纤（缆）直径的 15 倍，尾纤弯曲直径不应小于 100mm，尾纤自然悬垂长度不宜超过 300mm，应采用软质材料固定，且不应固定过紧		《超（特）高压直流输电控制保护系统检验规范》（DL/T 1780—2017）
38		光纤外护层完好，无破损；光缆应设置标识牌标明其起止位置，必要时还应标明其用途		
39		应进行光纤衰耗测试检查并记录在交接试验报告中，光纤衰耗测试应包括在用的光纤和备用光纤，测试记录中应含光纤起点、终点、光纤编号及衰耗值、测试仪器型号		

2.5.4 验收记录表格

在工作中对于重要的内容进行专项检查记录并留档保存。屏柜及装置验收项目记录表见表 2-5-4。

表 2-5-4　　屏柜及装置验收项目记录表

序号	设备名称	验收项目							验收人
		装置运行状态检查验收	屏柜外观检查验收	端子排检查验收	封堵检查验收	接地检查验收	二次电缆检查验收	光纤检查验收	
1	极保护 A								
2	极保护 B								
3	极保护 C								
4	直流母线保护 A								
5	直流母线保护 B								
6	直流母线保护 C								
7	直流线路保护 A								
8	直流线路保护 B								
9	直流线路保护 C								
10	极控制 A								
11	极控制 B								
12	直流站控 A								
13	直流站控 B								
14	站用电控制 A								
15	站用电控制 B								
…	……								

2.5.5 检查评价表格

对工作中检查出的问题进行汇总记录，并进行验收评价，留档保存，表格示例见表 2-5-5。

表 2-5-5 直流控制保护屏柜及装置验收评价表

检查人	×××	检查日期	××××年××月××日
存在问题汇总			

2.6 二次回路验收标准作业卡

2.6.1 验收范围说明

本验收标准作业卡适用于换流站直流控制保护二次回路验收工作，验收范围包括：控制保护装置相关的电源回路、电流电压回路、开入开出回路、跳闸回路及其他相关二次回路。

2.6.2 验收准备工作

各阶段验收工作开展前，运检人员应当提前明确验收的时间、人员、车辆机具、仪器工具、图纸资料等，并至少在验收开展的前一天完成准备工作的确认。二次回路检查验收准备工作表见表 2-6-1，二次回路检查验收工器具清单见表 2-6-2。

表 2-6-1 二次回路检查验收准备工作表

序号	项目	工作内容	实施标准	负责人	备注
1	时间安排	验收工作开展前，应当组织业主、厂家、施工、监理、运检人员现场联合勘查，在各方均认为现场满足验收条件后方可开展	装置及外部回路安装完成		

续表

序号	项目	工作内容	实施标准	负责人	备注
2	人员安排	（1）如人员、车辆充足可组织多个验收组同时开展工作。 （2）验收组建议至少安排运检人员 3 人、直流控制保护厂家人员 2 人、监理 1 人。 （3）将验收组内部分为监控后台小组、屏柜小组和一次设备小组：监控后台小组需运检 1 人、厂家 1 人；屏柜小组需运检 1 人、厂家 1 人；一次设备小组需运检 1 人、监理 1 人	验收前成立临时专项验收组，组织运检、施工、厂家、监理人员共同开展验收工作		
3	车辆工具安排	验收工作开展前，准备好验收所需、仪器仪表、工器具、安全防护用品、验收记录材料、相关图纸及相关技术资料	（1）仪器仪表、工器具、安全防护用品应试验合格，满足本次施工的要求。 （2）验收记录材料、相关图纸及相关技术资料齐全并符合现场实际情况		
4	验收交底	根据本次作业内容和性质确定好检修人员，并组织学习本作业卡	要求所有工作人员都明确本次工作的作业内容、进度要求、作业标准及安全注意事项		

表 2-6-2　　二次回路检查验收工器具清单

序号	名称	型号	数量	备注
1	万用表	—	每人 1 只	
2	绝缘电阻表	—	1 只	
3	光功率计	—	每人 1 套	
4	红光笔	—	1 支	
5	光纤清洁剂（盒）	—	1 盒	
6	螺钉旋具	—	每人 1 套	

2.6.3　验收检查记录

二次回路验收检查记录表见表 2-6-3。

表 2-6-3 二次回路验收检查记录表

序号	验收项目	验收方法及标准	验收结论（√或×）	备注
1	电源配置检查验收	装置电源应采用双路完全冗余供电方式，两路电源应分别取自不同（独立供电）的直流母线，一路电源失电，不影响控制系统正常工作		
		直流控制/保护系统每层I/O接口模块应配置双电源板卡供电，任一电源板卡应能满足该层I/O接口模块的用电容量需求，避免单电源板卡故障导致I/O接口模块异常		
		冗余的直流控制保护系统的信号电源应相互独立，取自不同直流母线并分别配置空气开关，防止单一元件故障导致两套系统信号电源丢失		
		装置电源与信号电源共用一路直流电源的，装置的信号电源与装置电源应在屏内采用各自独立的空气开关，并与上级空气开关满足上下级差的配合		
		控制保护低压直流回路应采取屏蔽措施，防止电磁干扰导致保护误动		
		打印机（如果有）、屏内照明等交流设备应选用专用交流空气开关，并满足上下级差的配合		
		在直流馈电屏分别断开控制保护装置第一路电源空气开关与第二路电源空气开关，验证从直流馈电屏到控制装置的电源回路正确		
		在控制保护屏柜处分别断开控制保护装置第一路电源空气开关、第二路电源空气开关、信号电源空气开关，验证从空气开关到装置之间的电源线路配置正确		
2	光TA回路检查验收	通过注流试验检查所有相关控制保护装置中光TA的极性、变比正确，冗余的控制/保护系统测量值相互比对无明显差异，测量误差应满足技术规范书（技术协议）要求		
3		各套控制/保护系统所对应的远端模块、合并单元、光纤、光电转换二次回路及电源完全独立，任意一套控制/保护系统测量回路出现异常，不应影响另一套控制保护系统的运行		
4		对于双重化配置的直流保护，应采用“启动＋动作”逻辑，启动和动作所对应的远端模块、合并单元、光纤、光电转换二次回路及电源完全独立		
5		测量回路出现异常，测量系统应能向控制保护系统发出故障信号或控制系统能自检出故障，退出相应控制/保护功能，防止误输出闭锁信号或保护误动作		
6		光纤回路备用光纤一般不低于在用光纤数量的100%，且不得少于3根，且均应制作好光纤头并安装好防护帽，固定适当无弯折，标识齐全		
7		光纤衰耗、光功率、光参数（光电流、误码率等）符合要求		

续表

序号	验收项目	验收方法及标准	验收结论（√或×）	备注
8	零磁通 TA 回路检查验收	通过注流试验检查所有相关控制保护装置中光 TA 的极性、变比正确，冗余的控制/保护系统测量值相互比对无明显差异，测量误差应满足技术规范书（技术协议）要求		
9		各套控制/保护系统所对应的二次绕组及二次回路完全独立，任意一套控制/保护系统测量回路出现异常，不应影响另一套控制/保护系统的运行		
10		对于双重化配置的直流保护，应采用“启动＋动作”逻辑，启动和动作所对应的二次绕组及二次回路也应完全独立		
11		测量回路出现异常，零磁通电流互感器电子模块饱和和失电报警时，测量系统应能向控制保护系统发出故障信号或控制系统能自检出故障，退出相应控制/保护功能，防止误输出闭锁信号或保护误动作		
12	常规电磁 TA 回路检查验收	电磁式电流互感器的变比、容量、准确级须符合设计要求		
13		通过主流试验，检查二次绕组变比、组别、极性正确，冗余的控制/保护系统测量值相互比对无明显差异，测量误差应满足技术规范书（技术协议）要求		
14		各套控制/保护系统所对应的二次绕组及二次回路完全独立，任意一套控制/保护系统测量回路出现异常，不应影响另一套控制/保护系统的运行		
15		对于双重化配置的直流保护，应采用“启动＋动作”逻辑，启动和动作所对应的二次绕组及二次回路也应完全独立		
16		二次回路必须有且只能有一点接地，两个及以上绕组取合电流的，应在保护屏内接地		
17		直阻测量无问题，三相电流回路直阻横向对比无明显差异		
18	直流分压器回路检查验收	通过加压试验检查所有相关控制保护装置中直流分压器的极性、变比正确，冗余的控制/保护系统测量值相互比对无明显差异，测量误差应满足技术规范书（技术协议）要求		
19		每套控制保护装置至直流分压器本体的二次回路应完全独立，一套控制保护装置的二次回路出现异常，不应引起系统跳闸		
20		对于双重化的直流保护，采用“启动＋动作”逻辑，启动和动作所对应的二次回路也应完全独立		
21		测量回路出现异常，测量系统应能向控制保护系统发出故障信号或控制系统能自检出故障，退出相应控制/保护功能，防止误输出闭锁信号或保护误动		
22		直流分压器应具有二次回路防雷功能，可采取在保护间隙回路中串联压敏电阻、二次信号电缆屏蔽层接地措施，防止雷击时放电间隙动作导致直流闭锁		
23		采用 SF_6 气体绝缘的直流分压器，应通过实传，验证 SF_6 气压低告警、闭锁回路正确		

续表

序号	验收项目	验收方法及标准	验收结论（√或×）	备注
24	交流CVT回路检查验收	电压互感器的变比、容量、准确级须符合设计要求		
25		通过加压试验检查所有相关控制保护装置中电压互感器的组别、变比正确，冗余的控制/保护系统测量值相互比对无明显差异，测量误差应满足技术规范书（技术协议）要求		
26		各套控制/保护系统所对应的二次绕组及二次回路完全独立，任意一套控制/保护系统测量回路出现异常，不应影响另一套控制/保护系统的运行		
27		对于双重化的直流保护，采用“启动＋动作”逻辑，启动和动作所对应的二次绕组及二次回路也应完全独立		
28		电压互感器端子箱处应配置分相自动空气开关，保护屏柜上交流电压回路的自动空气开关应与电压回路总开关在跳闸时限上有明确的配合关系		
29		二次回路只允许有一点接地，为保证接地可靠，电压互感器的中性线不得接有可能断开的开关或熔断器等		
30	开关量输入回路检查验收	在装置屏柜端子排处，对所有引入端子排的开关量输入回路依次加入激励量，观察装置的行为		
31		24V开入电源按照不出保护室的原则进行设计，以免因干扰引起信号异常变位		
32		各套控制/保护系统之间的开关量输入回路完全独立，任意一套控制系统的输入回路出现异常，不应影响另一套控制/保护系统的运行		
33		不宜将断路器和隔离开关单一辅助触点位置状态量作为选择计算方法和定值的判据，若必须采用断路器和隔离开关辅助触点作为判据时，应按照回路独立性要求实现不同保护的回路完全分开，即进入各套保护装置的信号应取自独立的断路器和隔离开关辅助触点，且信号电源也应完全独立		
34	开关量输出回路检查验收	在装置屏柜端子排处，按照装置技术说明书规定方法，依次观察装置所有输出触点及输出信号的通断状态		
35		直流保护按照“三取二”配置的，直流系统保护的跳闸指令信号（总线信号或无源接点信号），需经过三取二模块（三取二逻辑）运算后，再发送到控制系统		
36		开关量输出信号送至冗余控制保护系统的回路应完全独立，任一回路出现异常不影响冗余的控制保护系统的正常运行		
37		跳闸信号（由于技术原因会导致直流闭锁的系统监视信号无法采用动合触点的除外）的触点都必须采用动合触点，禁止跳闸回路采用动断触点，以免回路中任一端子松动或者直流电源丢失导致跳闸出口		

续表

序号	验收项目	验收方法及标准	验收结论（√或×）	备注
38	开关量输出回路检查验收	由于技术原因会导致直流闭锁的系统监视信号无法采用动合触点的，应具备防止触点误闭合导致直流闭锁的措施，且该动断触点应有完善的监视措施		
39		报警回路宜采用动合触点，对于多个继电器组合的跳闸或系统切换回路，应采用可靠的监视回路，保证继电器动作时后台监控及时报警		
40		应采用光纤代替长电缆传输、采用大功率继电器代替光耦（小功率继电器）接收跳闸、闭锁等重要信号，避免长电缆感应电压引起误动		
41		采用长电缆的跳闸回路（长电缆存在电容效应），不宜采用光耦，应采用动作电压在额定直流电源电压55%～70%范围以内的出口继电器，并要求其动作功率不低于5W		
42		采用光耦的跳闸回路，光耦的动作电压在额定直流电源电压55%～70%范围以内，应选用抗干扰能力强的光耦且具有避免外部干扰或误动的措施		
43	二次回路绝缘检查验收	用1000V的绝缘电阻表测量控制保护屏端子排至外回路电缆的绝缘电阻，各回路对地、各回路相互间其阻值均应大于10MΩ		
44		在端子排测试绝缘电阻需提前做好隔离，杜绝1000V电压直接加到控制保护装置，防止控制保护装置板卡损伤		
45		在测试绝缘电阻前，需通过断开空气开关、挑开端子等方式将被测回路与电源断开		

2.6.4 验收记录表格

在工作中对于重要的内容进行专项检查记录并留档保存。二次回路验收项目记录表见表2-6-4。

表2-6-4 二次回路验收项目记录表

序号	设备名称	验收项目									验收人
		电源配置检查验收	光TA回路检查验收	零磁通TA回路检查验收	常规电磁TA回路检查验收	直流分压器回路检查验收	交流CVT回路检查验收	开关量输入回路检查验收	开关量输出回路检查验收	二次回路绝缘检查验收	
1	极保护A										
2	极保护B										

续表

序号	设备名称	验收项目									验收人
		电源配置检查验收	光TA回路检查验收	零磁通TA回路检查验收	常规电磁TA回路检查验收	直流分压器回路检查验收	交流CVT回路检查验收	开关量输入回路检查验收	开关量输出回路检查验收	二次回路绝缘检查验收	
3	极保护C										
4	直流母线保护A										
5	直流母线保护B										
6	直流母线保护C										
7	直流线路保护A										
8	直流线路保护B										
9	直流线路保护C										
10	极控制A										
11	极控制B										
12	直流站控A										
13	直流站控B										
14	站用电控制A										
15	站用电控制B										
…	……										

2.6.5 专项检查表格

在工作中对于重要的内容进行专项检查记录并留档保存。一次注流加压实验记录表见表2-6-5，二次回路绝缘检查记录表见表2-6-6。

表 2-6-5　　　　一次注流加压实验记录表

检查人		×××		检查日期			××××年××月××日	
一次本体安装位置	测点	去向	记录					
阀厅内桥臂	P1. IBPA	极Ⅰ换流阀桥臂测量装置合并单元柜A	极Ⅰ直流故录2（100kA）	极Ⅰ极保护A	极Ⅰ控制柜A	极Ⅰ直流故录1（10kA）	极Ⅰ换流阀A相上桥臂接口柜	极Ⅰ换流阀控制保护柜A
……								

表 2-6-6　　　　二次回路绝缘检查记录表

检查人	×××	检查日期	××××年××月××日
电缆编号	电缆芯回路号	对地绝缘电阻值	芯间绝缘电阻值
DBP2A-W408	901A	＞20MΩ	＞20MΩ
……			

2.6.6　检查评价表格

对工作中检查出的问题进行汇总记录，并进行验收评价，留档保存，表格示例见表 2-6-7。

表 2-6-7　　　　二次回路检查验收评价表

检查人	×××	检查日期	××××年××月××日
存在问题汇总			

2.7　接口试验检查验收标准作业卡

2.7.1　验收范围说明

本验收标准作业卡适用于换流站直流控制保护设备接口试验检查验收工作，验收范围包括：与直流控制保护系统通信的子系统之间的接口。

2.7.2 验收准备工作

各阶段验收工作开展前，运检人员应当提前明确验收的时间、人员、车辆机具、仪器工具、图纸资料等，并至少在验收开展的前一天完成准备工作的确认。接口试验检查验收准备工作表见表 2-7-1，接口试验检查验收工器具清单见表 2-7-2。

表 2-7-1　接口试验检查验收准备工作表

序号	项目	工作内容	实施标准	负责人	备注
1	时间安排	验收工作开展前，应当组织业主、厂家、施工、监理、运检人员现场联合勘查，在各方均认为现场满足验收条件后方可开展	装置及外部回路安装完成，与各子系统之间通信调试完毕		
2	人员安排	（1）如人员、车辆充足可组织多个验收组同时开展工作。 （2）验收组建议至少安排运检人员 3 人、直流控制保护厂家人员 2 人、监理 1 人。 （3）将验收组内部分为监控后台小组、屏柜小组：监控后台小组需运检 1 人、厂家 1 人、监理 1 人；屏柜小组需运检 2 人、厂家 1 人	验收前成立临时专项验收组，组织运检、施工、厂家、监理人员共同开展验收工作		
3	车辆工具安排	验收工作开展前，准备好验收所需车辆机具、仪器仪表、工器具、安全防护用品、验收记录材料、相关图纸及相关技术资料	（1）车辆机具、仪器仪表、工器具、安全防护用品应试验合格，满足本次施工的要求。 （2）验收记录材料、相关图纸及相关技术资料齐全并符合现场实际情况		
4	验收交底	根据本次作业内容和性质确定好检修人员，并组织学习本作业卡	要求所有工作人员都明确本次工作的作业内容、进度要求、作业标准及安全注意事项		

表 2-7-2　接口试验检查验收工器具清单

序号	名称	型号	数量	备注
1	万用表	—	每人 1 只	
2	光功率计	—	每人 1 套	

续表

序号	名称	型号	数量	备注
3	红光笔	—	1支	
4	光纤清洁剂（盒）	—	1盒	
5	螺钉旋具	—	每人1套	
6	对讲机	—	每人1台	

2.7.3 验收检查记录

2.7.3.1 直流控制保护与换流阀阀控接口试验

直流控制保护与阀控接口试验验收检查记录表见表2-7-3。

表2-7-3 直流控制保护与阀控接口试验验收检查记录表

序号	验收项目	验收方法及标准	验收结论（√或×）	备注
1	从PCP到阀控的控制信号	分别在直流控制保护中在线置位如下信号： （1）主用系统/备用系统信号（ACTIVE/STANDBY）。 （2）解锁/闭锁信号（DEBLOCK）。 （3）交流充电信号（AC_ENERGIZE）。 （4）直流充电信号（DC_ENERGIZE）。 （5）晶闸管触发信号（Thy_on）。 分别在控制保护双系统中置位为“1”和“0”，查看阀控屏柜上指示灯状态及后台报文是否正确		
2	从阀控到PCP的控制信号	分别在阀控制系统上模拟如下信号： （1）阀控可用信号（VBC_OK）。 （2）请求跳闸信号（TRIP）。 分别在阀控双系统中模拟信号为“1”和“0”，查看极控程序中及后台报文是否正确		

续表

序号	验收项目	验收方法及标准	验收结论（√或×）	备注
3	极控与阀控系统信号逻辑验证	VBC_OK 逻辑验证： （1）逻辑：当处于“备用”状态 VBC 的 VBC_OK 值无效时，相应的 PCP 退出至服务状态。当处于“主用”状态 VBC 的 VBC_OK 无效时，相应的 PCP 执行切系统，如果切换系统成功后，“主用”状态 VBC 的 VBC_OK 为无效信号，则相应的 PCP 立即执行停运操作。 （2）试验设计：分别在备用、主用阀控系统模拟 VBC_OK 信号消失，检查试验结果		
		VBC_TRIP 逻辑验证： （1）逻辑：当处于“备用”状态的 VBC 发出 TRIP 信号时，相应的 PCP 退至服务状态，不得出口闭锁换流器。当处于“主用”状态的 VBC 发出 TRIP 信号时，相应的 PCP 收到 TRIP 信号时立即执行停运操作。 （2）试验设计：分别在备用、主用阀控系统模拟 VBC_TRIP 信号消失，检查试验结果		
		通用接口信号光纤拔插试验（控制保护侧）： （1）控制保护系统接收 VBE 发出的调制信号光纤包括 ACTIVE、VBC_OK 和 VBC_TRIP 三个，根据接收端监视通道的原则，此三根光纤的插拔试验需在控制保护侧开展。 （2）试验设计及结果：拔下 ACTIVE 光纤，检查是否出现“ACTIVE 通道故障”事件。拔下主系统“VBC_OK”光纤，检查是否出现“VBC_OK 通道故障”事件并切换系统。拔下主系统“VBC_TRIP”光纤，检查是否出现“VBC_TRIP 通道故障”事件并切换系统		

2.7.3.2 直流控制保护与阀冷接口试验

直流控制保护与阀冷接口试验验收检查记录表见表 2-7-4。

表 2-7-4　　直流控制保护与阀冷接口试验验收检查记录表

序号	验收项目	验收方法及标准	验收结论（√或×）	备注
1	从 PCP 到阀冷控制的信号	分别在直流控制保护中在线置位如下信号： （1）主用系统/备用系统信号（ACTIVE/STANDBY）。 （2）远方切换阀冷主泵命令（SWITCH）：检查备用系统发出切换主泵指令后，主泵不进行切换。值班系统发出切换主泵指令后，主泵进行切换。 （3）解锁/闭锁信号（DEBLOCK/BLOCK）：检查当换流阀处于“解锁”状态时，阀冷系统应无法停运主泵		

续表

序号	验收项目	验收方法及标准	验收结论（√或×）	备注
2	从阀冷控制到PCP的控制信号	分别在阀冷控制系统上模拟如下信号： （1）阀冷系统跳闸命令（VCCP_TRIP）：检查值班状态的柔直控制保护收到值班状态的阀冷控制系统发出VCCP_ TRIP信号后，直接闭锁换流器。值班状态的柔直控制保护若仅收到备用阀冷控制系统的VCCP_TRIP信号，则发出报警事件。 （2）阀冷系统功率回降命令（RUNBACK）。 （3）阀冷系统可用信号（VCCP_OK）：检查两套阀冷控制系统发来的VCCP_OK都为0，则柔直控制保护认为两套阀冷控制系统均不可用，发出闭锁直流命令。 （4）阀冷系统具备运行条件（VCCP_RFO）。 （5）阀冷控制系统主用/备用信号（VCCP_ACTIVE/STANDBY）：分别在阀冷控制双系统中模拟信号为“1”和“0”，查看极控程序中及后台报文是否正确		
3	通道异常监视逻辑验证	（1）在控制保护侧断开备用状态控制保护至备用状态阀冷控制的发送/接收光纤，控制保护发出告警事件，不进行系统切换。 （2）在控制保护侧断开备用状态控制保护至值班状态阀冷控制的发送/接收光纤，控制保护发出告警事件，不进行系统切换。 （3）在控制保护侧断开值班状态控制保护至备用状态阀冷控制的发送/接收光纤，控制保护发出告警事件，不进行系统切换。 （4）在控制保护侧断开值班状态控制保护至值班状态阀冷控制的发送/接收光纤，控制保护发出告警事件，系统切换		

2.7.3.3 直流控制保护与直流断路器接口试验（如有）

直流控制保护与直流断路器接口试验验收检查记录表见表2-7-5。

表2-7-5　直流控制保护与直流断路器接口试验验收检查记录表

序号	验收项目	验收方法及标准	验收结论（√或×）	备注
1	从直流控制保护到直流断路器控制的信号	分别在直流控制保护中在线置位如下信号： （1）慢分指令。 （2）快分指令。 （3）合闸指令。 （4）重合闸指令。 分别在控制保护双系统中置位为“1”和“0”，查看直流断路器屏柜上指示灯状态及后台报文是否正确		

续表

序号	验收项目	验收方法及标准	验收结论（√或×）	备注
2	从直流断路器控制到直流控制保护的信号	分别在直流断路器控制系统上模拟如下信号： （1）断路器分位。 （2）断路器合位。 （3）断路器允许慢分。 （4）断路器允许快分。 （5）断路器允许合闸。 （6）断路器失灵。 （7）断路器检修。 分别在直流断路器控制系统中模拟信号为“1”和“0”，查看控制保护程序中及后台报文是否正确		
3	通道异常监视逻辑验证	（1）在控制保护侧断开备用状态控制保护至备用状态直流断路器控制的发送/接收光纤，控制保护发出告警事件，不进行系统切换，备用状态直流断路器控制轻微故障，不进行系统切换。 （2）在控制保护侧断开备用状态控制保护至值班状态直流断路器控制的发送/接收光纤，控制保护发出告警事件，不进行系统切换，值班状态直流断路器控制轻微故障，系统切换。 （3）在控制保护侧断开值班状态控制保护至备用状态直流断路器控制的发送/接收光纤，控制保护发出告警事件，不进行系统切换，备用状态直流断路器控制轻微故障，不进行系统切换。 （4）在控制保护侧断开值班状态控制保护至值班状态直流断路器控制的发送/接收光纤，控制保护发出告警事件，不进行系统切换，值班状态直流断路器控制严重故障，系统切换		

2.7.3.4 直流控制保护与耗能装置接口试验（如有）

直流控制保护与耗能装置接口试验验收检查记录表见表 2-7-6。

表 2-7-6　直流控制保护与耗能装置接口试验验收检查记录表

序号	验收项目	验收方法及标准	验收结论（√或×）	备注
1	从直流控制保护到耗能控制的信号	分别在直流控制保护中在线置位如下信号： （1）系统值班/备用状态。 （2）耗能支路开关状态。 （3）耗能支路解锁命令。 分别在控制保护双系统中置位为“1”和“0”，通过厂家调试工具查看耗能控制装置接收是否正确		

续表

序号	验收项目	验收方法及标准	验收结论(√或×)	备注
2	从耗能控制到直流控制保护的信号	分别在耗能控制系统上模拟如下信号： (1) 阀控运行正常/异常状态。 (2) 阀控值班/备用状态。 (3) 耗能支路请求退出。 (4) 耗能支路不可用信号。 (5) 耗能支路投入状态。 分别在耗能控制系统中模拟信号为“1”和“0”，查看控制保护程序中及后台报文是否正确		
3	通道异常监视逻辑验证	(1) 在控制保护侧断开备用状态控制保护至备用状态耗能控制的发送/接收光纤，控制保护发出告警事件，不进行系统切换。 (2) 在控制保护侧断开备用状态控制保护至值班状态耗能控制的发送/接收光纤，控制保护发出告警事件，不进行系统切换。 (3) 在控制保护侧断开值班状态控制保护至备用状态耗能控制的发送/接收光纤，控制保护发出告警事件，不进行系统切换。 (4) 在控制保护侧断开值班状态控制保护至值班状态耗能控制的发送/接收光纤，控制保护发出告警事件，不进行系统切换		

2.7.3.5 直流控制保护与安稳装置接口试验（如有）

直流控制保护与安稳装置接口试验验收检查记录表见表2-7-7。

表2-7-7　　直流控制保护与安稳装置接口试验验收检查记录表

序号	验收项目	验收方法及标准	验收结论(√或×)	备注
1	从直流控制保护到安稳装置的信号	分别在直流控制保护中在线置位如下信号： (1) 系统值班/备用状态。 (2) 直流控制模式（联网控制、孤岛控制、双极功率控制、单极功率控制、直流电压控制等）。 (3) 直流功率速降信号。 (4) 直流功率速降量。 (5) 换流器最大可输送功率。		

续表

序号	验收项目	验收方法及标准	验收结论 （√或×）	备注
1	从直流控制保护到安稳装置的信号	（6）换流器输送功率指令。 （7）换流器非正常停运信号。 （8）换流器运行状态（运行、停运等状态）。 （9）换流器正常停运信号。 分别在控制保护双系统中置位为“1”和“0”，通过厂家调试工具查看安稳装置接收是否正确		
2	从安稳装置到直流控制保护的信号	分别在安稳装置上模拟如下信号： （1）提升/回降功率指令。 （2）提升/回降功率量。 （3）闭锁直流信号。 （4）直流孤岛运行信号。 分别在安稳装置中模拟信号为“1”和“0”，查看控制保护程序中及后台报文是否正确		
3	通道异常监视逻辑验证	拔掉直流控制保护与稳控装置全部通信光纤，检查有无告警及异常出口		

2.7.3.6　直流控制保护与换流变压器 TEC 接口试验

直流控制保护与换流变压器 TEC 接口试验验收检查记录表见表 2-7-8。

表 2-7-8　　直流控制保护与换流变压器 TEC 接口试验验收检查记录表

序号	验收项目	验收方法及标准	验收结论 （√或×）	备注
1	TEC/PLC 至直流控制保护系统的信号	在 TEC 控制柜使用 4～20mA 发生器分别模拟以下信号： 顶层油温（位置 1）； 顶层油温（位置 2）； 绕组温度（网侧）。 如有其他信号可一并检查（如低层油温、调压开关油温等）		
2		后台检查后台显示值是否和模拟值一致（可在后台切换 A、B 系统显示），同时在阀组控制程序中进行在线查看 TECA、TECB 系统数值		

续表

序号	验收项目	验收方法及标准	验收结论（√或×）	备注
3	TEC/PLC至直流控制保护系统的信号	检查TEC至后台分接开关挡位信号与实际一致（配合分接开关验收开展）。在分接开关验收后台操作验证时，分别在1～31挡时，检查现场、TEC、后台挡位显示值一致		
4		检查第一组冷却器故障信号上传正常。合上第一组冷却器空气开关，断开第一组油泵空气开关，手动启动第一组冷却器，检查冷却器故障信号就地、后台、控制系统显示均上传一致		
5		检查第二组冷却器故障信号上传正常。合上第二组冷却器空气开关，断开第二组油泵空气开关，手动启动第二组冷却器，检查冷却器故障信号就地、后台、控制系统显示均上传一致		
6		检查第三组冷却器故障信号上传正常。合上第三组冷却器空气开关，断开第三组油泵空气开关，手动启动第三组冷却器，检查冷却器故障信号就地、后台、控制系统显示均上传一致		
7		检查第四组冷却器故障信号上传正常。合上第四组冷却器空气开关，断开第四组油泵空气开关，手动启动第四组冷却器，检查冷却器故障信号就地、后台、控制系统显示均上传一致		
8		检查第一组冷却器运行/停运信号上传正常。合上第一组冷却器、油泵电源，手动启动/停止第一组冷却器，检查冷却器启动/停止报文就地、后台、控制系统显示均上传一致		
9		检查第二组冷却器运行/停运信号上传正常。合上第二组冷却器、油泵电源，手动启动/停止第二组冷却器，检查冷却器启动/停止报文就地、后台、控制系统显示均上传一致		
10		检查第三组冷却器运行/停运信号上传正常。合上第三组冷却器、油泵电源，手动启动/停止第三组冷却器，检查冷却器启动/停止报文就地、后台、控制系统显示均上传一致		
11		检查第四组冷却器运行/停运信号上传正常。合上第四组冷却器、油泵电源，手动启动/停止第四组冷却器，检查冷却器启动/停止报文就地、后台、控制系统显示均上传一致		
12		检查TEC/PLC柜正常运行信号上传正常。TEC无任何异常信息时OWS后台报TEC/PLC柜正常运行信号		
13	直流控制保护系统至TEC/PLC柜的信号	在OWS后台执行操作第一组冷却器启动，现场检查第一组冷却器运行状态，同时在TEC控制柜检查第一组冷却器在强制状态		
14		在OWS后台执行操作第二组冷却器启动，现场检查第二组冷却器运行状态，同时在TEC控制柜检查第一组冷却器在强制状态		
15		在OWS后台执行操作第三组冷却器启动，现场检查第三组冷却器运行状态，同时在TEC控制柜检查第一组冷却器在强制状态		
16		在OWS后台执行操作第四组冷却器启动，现场检查第四组冷却器运行状态，同时在TEC控制柜检查第一组冷却器在强制状态		

续表

序号	验收项目	验收方法及标准	验收结论（√或×）	备注
17	直流控制保护系统至TEC/PLC柜的信号	在OWS后台将所有冷却器停止，在TEC控制柜检查第一至四组冷却器在强制状态。在TEC控制柜使用4～20mA发生器模1组冷却器启动定值，检查上述冷却器在强制状态下，TEC无法正常控制该冷却器。在TEC处对冷却器强制状态进行复归，检查冷却器根据油温启动定值正常启动		
18		在阀组控制系统程序中在线置位“换流变压器带电”信号为“1”，现场在TEC装置上查看有换流变压器充电指示，置位“换流变压器带电”信号为“1”，TEC装置无换流变压器充电指示		
19	非电量保护动作切冷却器	现场启动5组冷却器，在阀组控制系统程序中在线置位“保护切冷却器”，现场检查冷却器正常切除，且冷却器在强制状态。在TEC处对冷却器强制状态进行复归，检查冷却器根据油温启动定值正常启动		
20	TEC单套系统下电	在TEC控制柜分别将TECA、TECB系统单套下电，阀组控制系统（A、B系统）报“TEC光纤链路”故障，阀组控制无其他异常故障		
21	TEC系统至直流控制保护系统之间的通信链路故障试验	在TEC控制柜将TECA系统至PCPA系统之间的光纤（网线）断开，TECA显示至PCPA之间的链路故障，阀组控制系统A报“TECA光纤断线”消失，阀组控制其他无异常故障		
22		在TEC控制柜将TECA系统至PCPB系统之间的光纤（网线）断开，TECA显示至PCPB之间的链路故障，阀组控制系统B报“TECA光纤断线”消失，阀组控制无其他异常故障		
23		在TEC控制柜将TECB系统至PCPA系统之间的光纤（网线）断开，TECB显示至PCPA之间的链路故障，阀组控制系统A报“TECB光纤断线”消失，阀组控制无其他异常故障		
24		在TEC控制柜将TECB系统至PCPB系统之间的光纤（网线）断开，TECB显示至PCPA之间的链路故障，阀组控制系统B报“TECB光纤断线”消失，阀组控制无其他异常故障		

2.7.3.7　直流控制保护与消防系统接口试验

直流控制保护与消防系统接口试验验收检查记录表见表2-7-9。

2.7.3.8　直流控制保护与故障录波器接口试验

直流控制保护与故障录波器接口功能验收检查记录表见表2-7-10。

表 2-7-9 直流控制保护与消防系统接口试验验收检查记录表

序号	验收项目	验收方法及标准	验收结论（√或×）	备注
1	与消防系统接口检查	直流控制保护系统应预留早期烟雾探测系统的最高级别报警信号和紫外（红外）探测报警信号的接口		
2		每个阀厅极早期烟雾探测传感器应有3个独立的火警110V/220V硬接点，1个用于火灾报警主机，另外2个接点分别接入控制保护系统		
3		将极早期烟雾探测传感器和紫外探头本体故障时输出两路110V/220V接点信号，分别接入两套控制保护系统用于闭锁该路传感器跳闸信号，防止保护误动		
4		通过实际传动或短接的方式验证每个极早期烟雾探测传感器和紫外传感器上送的信号正确无误		
5		验证消防系统的跳闸逻辑符合设计规范要求		

表 2-7-10 直流控制保护与故障录波器接口功能验收检查记录表

序号	验收项目	验收方法及标准	验收结论（√或×）	备注
1	与故障录波器接口检查	检查极控装置接入故障录波器的开关量、模拟量符合招标技术规范书要求，典型的开关量信号包括：网侧开关合位、阀侧开关合位、启动电阻旁路开关合位、换流器高压侧快速开关合位、换流器中性线快速开关合位、换流器连接、值班信号、直流电压控制、无功控制、HVDC控制模式、STATCOM控制模式、OLT控制模式、解锁、交流充电信号、直流充电信号、触发晶闸管。典型的模拟量信号包括：A相上桥臂参考波、A相下桥臂参考波、B相上桥臂参考波、B相下桥臂参考波、C相上桥臂参考波、C相下桥臂参考波		
2		通过实际分合开关，在故录录波器处检查网侧开关合位、阀侧开关合位、启动电阻旁路开关合位、换流器高压侧快速开关合位、换流器中性线快速开关合位等信号变位正确、录波信号正确		
3		通过在OWS监控后台实际操作，在故障录波器处检查换流器连接、值班信号、直流电压控制、无功控制、HVDC控制模式、STATCOM控制模式、OLT控制模式等信号变位正确、录波信号正确		
4		通过程序置位操作，在故障录波器处检查解锁、交流充电信号、直流充电信号、触发晶闸管等信号变位正确、录波信号正确		
5		结合系统带电调试，在故障录波器处检查A相上桥臂参考波、A相下桥臂参考波、B相上桥臂参考波、B相下桥臂参考波、C相上桥臂参考波、C相下桥臂参考波一次值与内置录波值一致		

2.7.4 验收记录表格

在工作中对于重要的内容进行专项检查记录并留档保存。接口试验验收项目记录表见表 2-7-11。

表 2-7-11　　接口试验验收项目记录表

序号	设备名称	验收项目								验收人
		与阀控接口检查	与阀冷接口检查	与高直流断路器接口检查（如有）	与耗能装置接口检查（如有）	与安稳装置接口检查	与换流变压器 TEC 接口功能检查	与消防系统接口检查	与故障录波器接口检查	
1	极控制 A									
2	极控制 B									
3	直流站控 A									
4	直流站控 B									
…	……									

2.7.5 检查评价表格

对工作中检查出的问题进行汇总记录，并进行验收评价，留档保存，表格示例见表 2-7-12。

表 2-7-12　　接口试验检查验收评价表

检查人	×××	检查日期	××××年××月××日
存在问题汇总			

2.8 控制保护装置功能验收标准作业卡

2.8.1 验收范围说明

本验收标准作业卡适用于换流站直流控制保护装置功能验收工作，验收范围包括：直流控制保护装置。

2.8.2 验收准备工作

各阶段验收工作开展前，运检人员应当提前明确验收的时间、人员、车辆机具、仪器工具、图纸资料等，并至少在验收开展的前一天完成准备工作的确认。控制保护装置功能验收准备工作表见表 2-8-1，控制保护装置功能验收工器具清单见表 2-8-2。

表 2-8-1 控制保护装置功能验收准备工作表

序号	项目	工作内容	实施标准	负责人	备注
1	时间安排	验收工作开展前，应当组织业主、厂家、施工、监理、运检人员现场联合勘查，在各方均认为现场满足验收条件后方可开展	直流控制保护装置及屏柜安装工作已完成，单体调试工作已完成		
2	人员安排	（1）如人员、车辆充足可组织多个验收组同时开展工作。 （2）验收组建议至少安排运检人员 3 人、直流控制保护厂家人员 2 人、监理 1 人。 （3）将验收组内部分为监控后台小组、屏柜小组和一次设备小组：监控后台小组需运检 1 人、厂家 1 人；屏柜小组需运检 1 人、厂家 1 人；一次设备小组需运检 1 人、监理 1 人	验收前成立临时专项验收组，组织运检、施工、厂家、监理人员共同开展验收工作		
3	车辆工具安排	验收工作开展前，准备好验收所需车辆机具、仪器仪表、工器具、安全防护用品、验收记录材料、相关图纸及相关技术资料	（1）车辆机具、仪器仪表、工器具、安全防护用品应试验合格，满足本次施工的要求。 （2）验收记录材料、相关图纸及相关技术资料齐全并符合现场实际情况		
4	验收交底	根据本次作业内容和性质确定好检修人员，并组织学习本作业卡	要求所有工作人员都明确本次工作的作业内容、进度要求、作业标准及安全注意事项		

表 2-8-2　　控制保护装置功能验收工器具清单

序号	名称	型号	数量	备注
1	万用表	—	每人 1 只	
2	光功率计	—	每人 1 套	
3	红光笔	—	1 支	
4	光纤清洁剂（盒）	—	1 盒	
5	螺钉旋具	—	每人 1 套	
6	对讲机	—	每人 1 台	

2.8.3　验收检查记录

控制保护装置功能验收检查记录表见表 2-8-3。

表 2-8-3　　控制保护装置功能验收检查记录表

序号	验收项目	验收方法及标准	验收结论（√或×）	备注
1	对时检查	装置对时准确		
2		控制保护系统对时回路故障不应导致系统主机退出运行		
3	零漂检查	在装置未输入任何模拟量的状态下，通过检查装置面板或触发装置内置录波的方式检查模拟量零漂		
		电流量零漂不大于 $0.01I_n$（I_n 为额定电流）		
		电压量零漂不大于 0.05V		
4	电压电流采样精度检查	通过继电保护测试仪加量或者一次设备主流加压检查装置采样精度，采样值与实测的误差不应大于 5%		
5	CPU 负载率、软件版本检查	检查主机、板卡的 CPU 负载率，避免负载率过高导致装置死机或影响控制保护功能		
		检查记录装置软件版本号、校验码、IP 地址		

续表

<table>
<tr><th>序号</th><th>验收项目</th><th>验收方法及标准</th><th>验收结论
（√或×）</th><th>备注</th></tr>
<tr><td>6</td><td rowspan="3">保护定值、
控制参数检查</td><td>核对保护定值与调度最新下发的定值一</td><td></td><td></td></tr>
<tr><td>7</td><td>核对控制装置程序控制参数与下发的控制参数表一致</td><td></td><td></td></tr>
<tr><td>8</td><td>通过断电的方式（或结合装置断电试验）验证断电后保护定值、控制参数不丢失</td><td></td><td></td></tr>
<tr><td rowspan="5">9</td><td rowspan="5">三取二逻辑检查</td><td>三套保护运行时，当两套及以上保护动作时，三取二装置出口跳闸</td><td></td><td></td></tr>
<tr><td>三套保护运行时，当任一套保护动作时，三取二装置不出口跳闸</td><td></td><td></td></tr>
<tr><td>两套保护运行时，当一套及以上保护动作时，三取二装置出口跳闸</td><td></td><td></td></tr>
<tr><td>当一套保护运行，该套保护动作时，三取二装置出口跳闸</td><td></td><td></td></tr>
<tr><td>双极中性母线差动保护（如有）若采用二取二出口模式，应退出一套保护装置后，验证该保护二取二逻辑正确</td><td></td><td></td></tr>
<tr><td>10</td><td rowspan="5">整组试验</td><td>控制保护装置带断路器进行必要的跳、合闸试验</td><td></td><td></td></tr>
<tr><td>11</td><td>装置整组试验时应检查各保护之间的配合、装置动作行为、断路器动作行为、厂站自动化信号、监控信息等正确无误</td><td></td><td></td></tr>
<tr><td>12</td><td>保护装置既通过本身三取二装置出口跳闸，也通过控制装置三取二逻辑出口跳闸，整组试验时两条路径应分别进行验证</td><td></td><td></td></tr>
<tr><td>13</td><td>对于交流断路器，首先进行不带断路器试验，断路器在分位，试验方法：①退出C套保护装置，在A套保护装置上通过软件置位操作，模拟保护动作。②退出A、B两套控制装置中的相关跳闸硬压板，退出保护三取二装置B中的相关跳闸硬压板，仅投入保护三取二装置A中的相关跳闸硬压板。③在断路器操作箱屏柜端子排处，用万用表测量相应跳闸端子电压。保护动作时，当跳闸出口硬压板投入时，相应跳闸端子电压为+110V，当跳闸出口硬压板退出时，相应跳闸端子电压为0V。④逐一验证保护三取二装置A的跳闸出口压板后，用同样的方法A、B两套控制装置中的相关跳闸硬压板以及保护三取二装置B的相关跳闸硬压板</td><td></td><td></td></tr>
<tr><td>14</td><td>带断路器试验，试验方法：①退出C套保护装置。②退出A、B两套控制装置中的相关跳闸硬压板，投入保护三取二装置A与保护三取二装置B中的相关跳闸硬压板。③在A套保护装置上通过软件置位操作，模拟保护动作，检查断路器实际动作情况。④退出保护三取二装置A与保护三取二装置B中的相关跳闸硬压板，投入A、B两套控制装置中的相关跳闸硬压板。⑤在A套保护装置上通过软件置位操作，模拟保护动作，检查断路器实际动作情况。⑥用同样的方法对B、C套保护进行试验</td><td></td><td></td></tr>
</table>

2.8.4 验收记录表格

在工作中对于重要的内容进行专项检查记录并留档保存。控制保护功能验收项目记录表见表 2-8-4。

表 2-8-4　　控制保护功能验收项目记录表

序号	设备名称	验收项目							验收人
		对时检查	零漂检查	电压电流采样精度检查	CPU 负载率、软件版本检查	保护定值、控制参数检查	三取二逻辑检查	整组试验	
1	极保护 A								
2	极保护 B								
3	极保护 C								
4	直流母线保护 A								
5	直流母线保护 B								
6	直流母线保护 C								
7	直流线路保护 A								
8	直流线路保护 B								
9	直流线路保护 C								
10	极控制 A								
11	极控制 B								
12	直流站控 A								
13	直流站控 B								
14	站用电控制 A								
15	站用电控制 B								
…	……								

2.8.5 专项检查表格

在工作中对于重要的内容进行专项检查记录并留档保存。整组传动验收项目记录表见表 2-8-5，CPU 负载率、软件版本检查验收项目记录表见表 2-8-6。

表 2-8-5　整组传动验收项目记录表

序号	信号名称	程序置数点	端子排	结果
直流母线保护屏 A/B				
1	WB. W16. Q1（220kV 甲母 PCS）解除复压闭锁压板		X308-11	
2	P1WT. Q2（0311）跳闸出口Ⅰ压板		X308-13	
3	WB. W16. Q1（220kV 甲母 CSC）解除复压闭锁压板		X308-16	
4	P1WT. Q2（0311）跳闸出口Ⅱ压板		X308-18	
5	WB. W16. Q1（2203）跳闸出口Ⅰ压板		X309-11	
6	P1WT. Q1（0312）跳闸出口Ⅰ压板		X309-13	
7	WB. W16. Q1（2203）跳闸出口Ⅱ压板		X309-16	
8	P1WT. Q1（0312）跳闸出口Ⅱ压板		X309-18	
9	WN. L1. Q1（0001）断路器正极分闸出口Ⅰ压板		X310-5	
10	WN. L2. Q1（0002）断路器正极分闸出口Ⅰ压板		X310-6	
11	WN. L1. Q1（0001）断路器负极分闸出口Ⅰ压板		X310-9	
12	WN. L2. Q1（0002）断路器负极分闸出口Ⅰ压板		X310-10	
13	WN. L1. Q1（0001）断路器正极分闸出口Ⅱ压板		X311-5	
14	WN. L2. Q1（0002）断路器正极分闸出口Ⅱ压板		X311-6	
15	WN. L1. Q1（0001）断路器负极分闸出口Ⅱ压板		X311-9	
16	WN. L2. Q1（0002）断路器负极分闸出口Ⅱ压板		X311-10	

续表

序号	信号名称	程序置数点	端子排	结果
17	WN. L1. Q1（0001）断路器正极合闸出口压板		X312-5	
18	WN. L2. Q1（0002）断路器正极合闸出口压板		X312-6	
19	WN. L1. Q1（0001）断路器负极合闸出口压板		X312-9	
20	WN. L2. Q1（0002）断路器负极合闸出口压板		X312-10	

表 2-8-6　　CPU 负载率、软件版本检查验收项目记录表

装置名称	装置型号	软件版本号	软件 CRC 码	装置 IP	CUP 负载率
直流线路保护 A	PCS-9524				
直流线路保护 B	PCS-9524				
直流线路保护 C	PCS-9524				
……					

2.8.6　检查评价表格

对工作中检查出的问题进行汇总记录，并进行验收评价，留档保存，表格示例见表 2-8-7。

表 2-8-7　　控制保护装置功能验收评价表

检查人	×××	检查日期	××××年××月××日
存在问题汇总			

2.9　控制系统专项试验验收标准作业卡

2.9.1　验收范围说明

本验收标准作业卡适用于换流站直流控制系统专项试验验收工作，验收范围包括：

（1）极控制装置；

（2）直流站控制装置；

（3）交流站控装置；

（4）站间协调控制装置（如有）；

（5）换流器控制装置（如有）；

（6）站用电控制装置；

（7）其他。

2.9.2 验收准备工作

各阶段验收工作开展前，运检人员应当提前明确验收的时间、人员、车辆机具、仪器工具、图纸资料等，并至少在验收开展的前一天完成准备工作的确认。控制系统专项试验验收准备工作表见表 2-9-1，控制系统专项试验验收工器具清单见表 2-9-2。

表 2-9-1 控制系统专项试验验收准备工作表

序号	项目	工作内容	实施标准	负责人	备注
1	时间安排	验收工作开展前，应当组织业主、厂家、施工、监理、运检人员现场联合勘查，在各方均认为现场满足验收条件后方可开展	装置及外部回路安装完成，单体装置调试完毕，二次回路及接口功能验收完毕		
2	人员安排	（1）如人员、车辆充足可组织多个验收组同时开展工作。 （2）验收组建议至少安排运检人员 3 人、直流控制保护厂家人员 2 人、监理 1 人。 （3）将验收组内部分为监控后台小组、屏柜小组和一次设备小组：监控后台小组需运检 1 人、厂家 1 人；屏柜小组需运检 1 人、厂家 1 人；一次设备小组需运检 1 人、监理 1 人	验收前成立临时专项验收组，组织运检、施工、厂家、监理人员共同开展验收工作		
3	车辆工具安排	验收工作开展前，准备好验收所需仪器仪表、工器具、安全防护用品、验收记录材料、相关图纸及相关技术资料	（1）仪器仪表、工器具、安全防护用品应试验合格，满足本次施工的要求。 （2）验收记录材料、相关图纸及相关技术资料齐全并符合现场实际情况		

续表

序号	项目	工作内容	实施标准	负责人	备注
4	验收交底	根据本次作业内容和性质确定好检修人员，并组织学习本作业卡	要求所有工作人员都明确本次工作的作业内容、进度要求、作业标准及安全注意事项		

表 2-9-2　　控制系统专项试验验收工器具清单

序号	名称	型号	数量	备注
1	万用表	—	每人1只	
2	光功率计	—	每人1套	
3	红光笔	—	1支	
4	光纤清洁剂（盒）	—	1盒	
5	螺钉旋具	—	每人1套	
6	对讲机	—	每人1台	

2.9.3 验收检查记录

控制系统专项试验验收检查记录表见表2-9-3。

表 2-9-3　　控制系统专项试验验收检查记录表

序号	验收项目	实施方法	验收结论（√或×）	备注
1	主机断电试验	逐一对装置、装置信号电源进行断电试验，控制系统应能正确发出告警且不会误输出闭锁信号或控制信号		
2	冗余控制系统切换试验	冗余系统应可实现手动切换，切换过程不应影响系统正常运行		
		应在OWS监控后台进行控制系统手动切换试验，若装置本体配置状态切换按钮，还需在装置本体进行控制系统手动切换试验		
		控制系统手动切换试验方法： （1）两套控制主机均处于正常运行状态，无异常。控制主机A为值班状态，B为备用状态。手动将值班主机A打入备用状态后，控制主机B升为值班状态。 （2）两套控制主机均处于正常运行状态，两套主机均为轻微故障。控制主机A为值班状态，B为备用状态。手动将值班主机A打入备用状态后，控制主机B升为值班状态		

续表

序号	验收项目	实施方法	验收结论 （√或×）	备注
2	冗余控制系统切换试验	结合系统故障响应试验，验证控制系统自动切换逻辑，自动切换逻辑为： （1）当运行系统发生轻微故障时，若另一系统处于备用状态且无任何故障则系统切换。切换后，轻微故障系统将处于备用状态。当新的运行系统发生更为严重的故障时，还可以切换回此时处于备用状态的系统。 （2）当运行系统发生严重故障时，若另一系统无任何故障或轻微故障时则系统切换，若另一系统不可用则该系统可继续运行。 （3）当运行系统发生紧急故障时，若另一系统处于备用状态则系统切换，切换后紧急故障系统不能进入备用状态，若另一系统不可用则闭锁直流。 （4）当备用系统发生轻微故障时，系统状态保持不变。若备用系统发生紧急故障时，应退出备用状态		
		同主试验： （1）两套控制主机均处于正常运行状态，控制主机A为值班状态，B为备用状态。断开控制系统间主从通信光纤后，控制主机A保持值班状态不变，同时控制主机B升为值班状态。 （2）恢复控制系统间主从通信光纤后，控制主机B保持值班状态不变，控制主机A变为备用状态		
3	顺控联锁功能试验	遥控试验： （1）将直流场断路器、隔离开关远方/就地把手打到“远方”位置。 （2）将控制主机A设置为值班状态，对直流场断路器、隔离开关进行遥控分合闸操作，断路器、隔离开关动作正确，监控系统信号正确。 （3）将控制主机B设置为值班状态，对直流场断路器、隔离开关进行遥控分合闸操作，断路器、隔离开关动作正确，监控系统信号正确		
4		控制模式切换功能试验： 在OWS界面进行定直流电压控制、双极功率控制、单极功率控制、无功功率控制等控制状态切换试验，功能正常，监控系统信号正确		
5		顺控制试验： （1）将直流场断路器、隔离开关远方/就地把手打到“远方”位置。 （2）将直流场接地开关拉开。 （3）在OWS界面进行极性极连接、极隔离、投入、停运等顺序功能控制试验，断路器、隔离开关动作正确，监控系统信号正确		

续表

序号	验收项目	实施方法	验收结论（√或×）	备注
6	顺控联锁功能试验	联锁功能验证：直流场及换流变压器区域断路器、隔离开关和接地开关的各联锁逻辑满足运行要求；交流场的断路器、隔离开关和接地开关的各联锁逻辑满足运行要求		
7		柔性直流换流阀、换流变压器不能作为明显的电气隔离点，与柔性直流换流阀、换流变压器各侧直接相连的隔离开关、接地开关之间应设置联锁		
8		验证启动区断路器与交流场换流变压器进线两侧隔离开关联锁逻辑，避免换流阀运行后交流场串内无法进行合环操作		
9	系统故障响应试验	试验方法：控制装置A与控制装置B处于正常运行状态，无异常，控制装置A处于值班状态，控制装置B处于备用状态。在控制装置A上制造轻微故障（在控制装置侧断开控制装置与极保护之间的单路通信光纤、在控制装置侧断开控制装置与接口装置的单路通信光纤、在合并单元侧断开换流变压器阀侧电压U_v、阀侧电流I_{vc}等不参与控制逻辑的模拟量通道等方法）。试验结果：控制装置A报轻微故障，控制装置切换，控制装置A变为备用状态，控制装置B变为值班状态		
10		试验方法：控制装置A处于正常运行状态，无异常，控制装置B轻微故障。控制装置A处于值班状态，控制装置B处于备用状态。在控制装置A上制造轻微故障（在控制装置侧断开控制装置与极保护之间的单路通信光纤、在控制装置侧断开控制装置与接口装置的单路通信光纤、在合并单元侧断开换流变压器阀侧电压U_v、阀侧电流I_{vc}等不参与控制逻辑的模拟量通道等方法）。试验结果：控制装置A报轻微故障，控制系统不切换，控制装置A为值班状态，控制装置B为备用状态		
11		试验方法：控制装置A处于正常运行状态，无异常，控制装置B严重故障（断开控制装置信号电源、断开控制装置一路电源等方法）。控制装置A处于值班状态。在控制装置A上制造轻微故障（在控制装置侧断开控制装置与极保护之间的单路通信光纤、在控制装置侧断开控制装置与接口装置的单路通信光纤、在合并单元侧断开换流变压器阀侧电压U_v、阀侧电流I_{vc}等不参与控制逻辑的模拟量通道等方法）。试验结果：控制装置A报轻微故障，控制系统不切换		
12		试验方法：控制装置A处于正常运行状态，无异常，控制装置B紧急故障（在控制保护装置侧断开与阀控间的通信光纤、在控制保护装置侧断开换流变压器网侧电压U_S、网侧电流I_S等参与控制逻辑的模拟量通道等方法）。控制装置A处于值班状态。在控制装置A上制造轻微故障（在控制装置侧断开控制装置与极保护之间的单路通信光纤、在控制装置侧断开控制装置与接口装置的单路通信光纤、在合并单元侧断开换流变压器阀侧电压U_v、阀侧电流I_{vc}等不参与控制逻辑的模拟量通道等方法）。试验结果：控制装置A报轻微故障，控制系统不切换		

续表

序号	验收项目	实施方法	验收结论（√或×）	备注
13	系统故障响应试验	试验方法：控制装置A与控制装置B处于正常运行状态，无异常，控制装置A处于值班状态，控制装置B处于备用状态。在控制装置A上制造严重故障（断开控制装置信号电源、断开控制装置一路电源等方法）。试验结果：控制装置A报严重故障，控制装置切换，控制装置A退出值班状态，控制装置B变为值班状		
14		试验方法：控制装置A处于正常运行状态，无异常，控制装置B轻微故障。控制装置A处于值班状态，控制装置B处于备用状态。在控制装置A上制造严重故障（断开控制装置信号电源、断开控制装置一路电源等方法）。试验结果：控制装置A报严重故障，控制装置切换，控制装置A退出值班状态，控制装置B变为值班状态		
15		试验方法：控制装置A处于正常运行状态，无异常，控制装置B严重故障（断开控制装置信号电源、断开控制装置一路电源等方法）。控制装置A处于值班状态。在控制装置A上制造严重故障（断开控制装置信号电源、断开控制装置一路电源等方法）。试验结果：控制装置A报严重故障，控制系统不切换，控制装置A为值班状态		
16		试验方法：控制装置A处于正常运行状态，无异常，控制装置B紧急故障（在控制保护装置侧断开与阀控间的通信光纤、在控制保护装置侧断开换流变压器网侧电压U_S、网侧电流I_S等参与控制逻辑的模拟量通道等方法）。控制装置A处于值班状态。在控制装置A上制造严重故障（断开控制装置信号电源、断开控制装置一路电源等方法）。试验结果：控制装置A报严重故障，控制系统不切换，控制装置A为值班状态		
17		试验方法：控制装置A与控制装置B处于正常运行状态，无异常，控制装置A处于值班状态，控制装置B处于备用状态。在控制装置A上制造紧急故障（在控制保护装置侧断开与阀控间的通信光纤、在控制保护装置侧断开换流变压器网侧电压U_S、网侧电流I_S等参与控制逻辑的模拟量通道等方法）。试验结果：控制装置A报紧急故障，控制装置切换，控制装置A退出值班状态，同时退出备用状态，控制装置B变为值班状态		
18		试验方法：控制装置A处于正常运行状态，无异常，控制装置B轻微故障。控制装置A处于值班状态，控制装置B处于备用状态。在控制装置A上制造紧急故障（在控制保护装置侧断开与阀控间的通信光纤、在控制保护装置侧断开换流变压器网侧电压U_S、网侧电流I_S等参与控制逻辑的模拟量通道等方法）。试验结果：控制装置A报紧急故障，控制装置切换，控制装置A退出值班状态，同时退出备用状态，控制装置B变为值班状态		

续表

序号	验收项目	实施方法	验收结论（√或×）	备注
19	系统故障响应试验	试验方法：控制装置A处于正常运行状态，无异常，控制装置B严重故障（断开控制装置信号电源、断开控制装置一路电源等方法）。控制装置A处于值班状态。在控制装置A上制造紧急故障（在控制保护装置侧断开与阀控间的通信光纤、在控制保护装置侧断开换流变压器网侧电压U_S、电流I_S等参与控制逻辑的模拟量通道等方法）。试验结果：对于南瑞技术路线，控制装置A报紧急故障，控制装置A退出值班，同时退出备用，控制系统不切换，系统跳闸；对于许继技术路线，控制装置A退出值班，同时退出备用，系统切换，控制装置B升为值班状态，系统继续运行		
20		试验方法：控制装置A处于正常运行状态，无异常，控制装置B紧急故障（在控制保护装置侧断开与阀控间的通信光纤、在控制保护装置侧断开换流变压器网侧电压U_S、网侧电流I_S等参与控制逻辑的模拟量通道等方法）。控制装置A处于值班状态。在控制装置A上制造紧急故障（在控制保护装置侧断开与阀控间的通信光纤、在控制保护装置侧断开换流变压器网侧电压U_S、网侧电流I_S等参与控制逻辑的模拟量通道等方法）。试验结果：控制装置A报紧急故障，控制装置A退出值班，同时退出备用，系统跳闸		

2.9.4 验收记录表格

在工作中对于重要的内容进行专项检查记录并留档保存。控制系统专项试验验收项目记录表见表2-9-4。

表2-9-4　　控制系统专项试验验收项目记录表

序号	设备名称	验收项目				验收人
		主机断电试验	冗余控制系统切换试验	顺控联锁功能试验	系统故障响应试验	
1	极控制A					
2	极控制B					
3	直流站控A					
4	直流站控B					
5	站用电控制A					
6	站用电控制B					
…	……					

2.9.5 检查评价表格

对工作中检查出的问题进行汇总记录，并进行验收评价，留档保存，表格示例见表 2-9-5。

表 2-9-5　　控制功能专项试验验收评价表

检查人	×××	检查日期	××××年××月××日
存在问题汇总			

2.10 保护系统专项试验验收标准作业卡

2.10.1 验收范围说明

本验收标准作业卡适用于换流站保护系统专项试验验收工作，验收范围包括：

（1）极保护；

（2）直流母线保护（如有）；

（3）直流线路保护（如有）；

（4）换流器保护（如有）；

（5）其他。

2.10.2 验收准备工作

各阶段验收工作开展前，运检人员应当提前明确验收的时间、人员、车辆机具、仪器工具、图纸资料等，并至少在验收开展的前一天完成准备工作的确认。保护系统专项试验验收准备工作表见表 2-10-1，保护系统专项试验验收工器具清单见表 2-10-2。

表 2-10-1　　保护系统专项试验验收准备工作表

序号	项目	工作内容	实施标准	负责人	备注
1	时间安排	验收工作开展前，应当组织业主、厂家、施工、监理、运检人员现场联合勘查，在各方均认为现场满足验收条件后方可开展	装置及外部回路安装完成，单体装置调试完毕，二次回路及接口功能验收完毕		

续表

序号	项目	工作内容	实施标准	负责人	备注
2	人员安排	（1）如人员、车辆充足可组织多个验收组同时开展工作。 （2）验收组建议至少安排运检人员3人、直流控制保护厂家人员2人、监理1人。 （3）将验收组内部分为监控后台小组、屏柜小组：监控后台小组需运检1人、厂家1人、监理1人；屏柜小组需运检2人、厂家1人	验收前成立临时专项验收组，组织运检、施工、厂家、监理人员共同开展验收工作		
3	车辆工具安排	验收工作开展前，准备好验收所需仪器仪表、工器具、安全防护用品、验收记录材料、相关图纸及相关技术资料	（1）仪器仪表、工器具、安全防护用品应试验合格，满足本次施工的要求。 （2）验收记录材料、相关图纸及相关技术资料齐全并符合现场实际情况		
4	验收交底	根据本次作业内容和性质确定好检修人员，并组织学习本作业卡	要求所有工作人员都明确本次工作的作业内容、进度要求、作业标准及安全注意事项		

表2-10-2　　保护系统专项试验验收工器具清单

序号	名称	型号	数量	备注
1	万用表	—	每人1只	
2	光功率计	—	每人1套	
3	红光笔	—	1支	
4	光纤清洁剂（盒）	—	1盒	
5	螺钉旋具	—	每人1套	
6	对讲机	—	每人1台	

2.10.3　验收检查记录

保护系统专项试验验收检查记录表见表2-10-3。

表 2-10-3　　保护系统专项试验验收检查记录表

序号	验收项目	验收方法及标准	验收结论（√或×）	备注
1	主机断电试验	主机断电试验：逐一对装置、装置信号电源进行断电试验，保护装置应能正确发出告警且不会误输出闭锁信号或跳闸信号		
2	系统故障响应试验	保护主机轻微故障试验： （1）试验方法：保护主机处于运行状态，无异常。在保护主机侧断开模拟量通信光纤。 （2）试验结果：监控后台报“X号插件的第X号光纤数据帧正常消失”“X号插件的第X号光纤数据接收错误”，保护主机轻微故障，与模拟量相关的保护功能退出运行，测量恢复正常后相关保护功能投入		
3		保护主机严重故障试验： （1）试验方法：保护主机处于运行状态，无异常。在保护主机侧断开与IO装置之间的通信。 （2）试验结果：监控后台报“与IO装置通信中断”，保护主机严重故障，保护功能不受影响		
4		保护主机紧急故障试验：试验方法：保护主机处于运行状态，无异常。在保护主机侧断开与三取二装置A、三取二装置B之间的通信光纤。试验结果：监控后台报“与三取二装置A通信中断”“与三取二装置B通信中断”，保护主机紧急故障，保护功能退出		

2.10.4　验收记录表格

在工作中对于重要的内容进行专项检查记录并留档保存。保护系统专项试验验收项目记录表见表 2-10-4。

表 2-10-4　　保护系统专项试验验收项目记录表

序号	设备名称	验收项目		验收人
		主机断电试验	系统故障响应试验	
1	极保护 A			
2	极保护 B			
3	极保护 C			
4	直流母线保护 A			
5	直流母线保护 B			

续表

序号	设备名称	验收项目		验收人
		主机断电试验	系统故障响应试验	
6	直流母线保护 C			
7	直流线路保护 A			
8	直流线路保护 B			
9	直流线路保护 C			
…	……			

2.10.5 检查评价表格

对工作中检查出的问题进行汇总记录，并进行验收评价，留档保存，表格示例见表 2-10-5。

表 2-10-5　　保护系统专项试验验收评价表

检查人	×××	检查日期	××××年××月××日
存在问题汇总			

2.11 跳闸功能专项试验验收标准作业卡

2.11.1 验收范围说明

本验收标准作业卡适用于换流站直流控制保护跳闸功能专项试验验收工作，验收范围包括：直流控制保护装置。

2.11.2 验收准备工作

各阶段验收工作开展前，运检人员应当提前明确验收的时间、人员、车辆机具、仪器工具、图纸资料等，并至少在验收开展的前一天完成准备工作的确认。跳闸功能专项试验验收准备工作表见表 2-11-1，跳闸功能专项试验验收工器具清单见表 2-11-2。

表 2-11-1　　　　　　　　　　　　　跳闸功能专项试验验收准备工作表

序号	项目	工作内容	实施标准	负责人	备注
1	时间安排	验收工作开展前，应当组织业主、厂家、施工、监理、运检人员现场联合勘查，在各方均认为现场满足验收条件后方可开展	装置及外部回路安装完成，单体装置调试完毕，二次回路及接口功能验收完毕		
2	人员安排	（1）如人员、车辆充足可组织多个验收组同时开展工作。 （2）验收组建议至少安排运检人员3人、直流控制保护厂家人员2人、监理1人。 （3）将验收组内部分为监控后台小组、屏柜小组和一次设备小组：监控后台小组需运检1人、厂家1人；屏柜小组需运检1人、厂家1人；一次设备小组需运检1人、监理1人	验收前成立临时专项验收组，组织运检、施工、厂家、监理人员共同开展验收工作		
3	车辆工具安排	验收工作开展前，准备好验收所需、仪器仪表、工器具、安全防护用品、验收记录材料、相关图纸及相关技术资料	（1）仪器仪表、工器具、安全防护用品应试验合格，满足本次施工的要求。 （2）验收记录材料、相关图纸及相关技术资料齐全并符合现场实际情况		
4	验收交底	根据本次作业内容和性质确定好检修人员，并组织学习本作业卡	要求所有工作人员都明确本次工作的作业内容、进度要求、作业标准及安全注意事项		

表 2-11-2　　　　　　　　　　　　　跳闸功能专项试验验收工器具清单

序号	名称	型号	数量	备注
1	万用表	—	每人1只	
2	光功率计	—	每人1套	
3	红光笔	—	1支	
4	光纤清洁剂（盒）	—	1盒	
5	螺钉旋具	—	每人1套	
6	对讲机	—	每人1台	

2.11.3 验收检查记录

跳闸功能专项试验验收检查记录表见表 2-11-3。

表 2-11-3 跳闸功能专项试验验收检查记录表

序号	验收项目	验收方法及标准	验收结论（√或×）	备注
1	控制保护主机退出试验	两套极控制系统均丢失试验（通过装置断电、将装置投试验/检修状态、制造紧急故障等方式），系统紧急故障跳闸		
2		两套直流站控制系统均丢失试验（通过装置断电、将装置投试验/检修状态、制造紧急故障等方式），系统紧急故障跳闸		
3		三套极保护系统丢失试验（通过装置断电、将装置投试验/检修状态、制造紧急故障等方式），无保护运行，两套极控系统紧急故障跳闸		
4		三套直流母线保护系统丢失试验（通过装置断电、将装置投试验/检修状态、制造紧急故障等方式），两套极控制系统紧急故障跳闸		
5		三套直流线路保护系统丢失试验（通过装置断电、将装置投试验/检修状态、制造紧急故障等方式），两套控制系统紧急故障跳闸		
6	紧急停运跳闸试验	（1）试验条件：极控主机 A 值班状态，极控主机 B 备用状态。 （2）试验步骤： 1）仅按紧急停运按钮 1，后台无紧急停运信号，复归紧急停运按钮 1。 2）仅按紧急停运按钮 2，后台无紧急停运信号，复归紧急停运按钮 2。 3）同时按紧急停运按钮 1 与紧急停运按钮 2，极控主机 A 报紧急停运跳闸，极控主机 B 报紧急停运跳闸		
7	直流分压器非电量跳闸试验	（1）试验条件：极控主机 A 值班状态，极控主机 B 备用状态。 （2）试验步骤： 1）在直流分压器本体处，将 SF_6 压力表与气室之间的阀门关闭。 2）对 SF_6 压力表 A 进行放气，监控后台控制主机 A 报“×分压器 SF_6 压力低告警”“×分压器 SF_6 压力低跳闸”。 3）对 SF_6 压力表 B 进行放气，监控后台主机报“×分压器 SF_6 压力低告警”“×分压器 SF_6 压力低跳闸”。 4）对 SF_6 压力表 C 进行放气，监控后台控制主机报“×分压器 SF_6 压力低跳闸”。 5）对任意两个 SF_6 压力表进行放气，监控后台报“×分压器 SF_6 压力低告警”“×分压器 SF_6 压力低跳闸”，系统跳闸，跳断路器不启重合闸，不启失灵		

续表

序号	验收项目	验收方法及标准	验收结论（√或×）	备注
8	穿墙套管非电量跳闸试验	（1）试验条件：极控主机A值班状态，极控主机B备用状态。 （2）试验步骤： 1）在穿墙套管本体端子箱处，短接第一副 SF_6 压力低一级告警节点、第一副 SF_6 压力低二级告警节点、第一副 SF_6 压力低跳闸节点。监控后台报出相应信号。 2）在穿墙套管本体端子箱处，短接第二副 SF_6 压力低一级告警节点、第二副 SF_6 压力低二级告警节点、第二副 SF_6 压力低跳闸节点。监控后台报出相应信号。 3）在穿墙套管本体端子箱处，短接第三副 SF_6 压力低跳闸节点。监控后台报出相应信号。 4）在穿墙套管本体端子箱处，同时短接三副 SF_6 压力低跳闸节点中的任意两副，系统跳闸，跳断路器不启重合闸，不启失灵。 5）若现场具备条件，应实传穿墙套管 SF_6 压力低告警与跳闸信号		
9	阀厅火灾跳闸试验	（1）试验条件：阀厅消防接口屏正常运行，2套极控制系统主机运行正常。 （2）试验步骤：在阀厅消防接口屏上模拟值班状态极控主机1个阀厅极早期动作＋1个紫外动作。极控制系统进行切换，值班主机退出备用，系统不跳闸		
10		（1）试验条件：阀厅消防接口屏正常运行，2套极控制系统主机运行正常。 （2）试验步骤：在阀厅消防接口屏上模拟备用状态极控主机1个阀厅极早期动作＋1个紫外动作。极控制系统不进行切换，备用主机退出备用，系统不跳闸		
11		（1）试验条件：阀厅消防接口屏正常运行，2套极控制系统主机运行正常。 （2）试验步骤：在阀厅消防接口屏上模拟值班状态极控主机和备用状态主机1个阀厅极早期动作＋1个紫外动作。极控制系统进行切换，值班主机退出备用，系统跳闸		
12		（1）试验条件：阀厅消防接口屏正常运行，2套极控制系统主机运行正常。 （2）试验步骤：在阀厅消防接口屏上模拟值班状态主机和备用状态主机1个阀厅进风口极早期动作＋1个紫外动作。极控制系统不切换，系统不跳闸		
13		（1）试验条件：阀厅消防接口屏正常运行，2套极控制系统主机运行正常。 （2）试验步骤：在阀厅消防接口屏上模拟值班状态主机1个阀厅进风口极早期动作＋2个紫外动作。极控制系统进行切换，值班主机退出备用，系统不跳闸		
14		（1）试验条件：阀厅消防接口屏正常运行，2套极控制系统主机运行正常。 （2）试验步骤：在阀厅消防接口屏上模拟备用状态主机1个阀厅进风口极早期动作＋2个紫外动作。极控制系统不进行切换，备用主机退出备用，系统不跳闸		

续表

序号	验收项目	验收方法及标准	验收结论（√或×）	备注
15	阀厅火灾跳闸试验	（1）试验条件：阀厅消防接口屏正常运行，2套极控制系统主机运行正常。 （2）试验步骤：在阀厅消防接口屏上模拟值班状态主机和备用状态主机1个阀厅进风口极早期动作+2个紫外动作。极控制系统进行切换，值班主机退出备用，系统跳闸		

2.11.4 验收记录表格

在工作中对于重要的内容进行专项检查记录并留档保存。跳闸功能专项试验验收项目记录表见表2-11-4。

表2-11-4　　跳闸功能专项试验验收项目记录表

序号	设备名称	验收项目					验收人
		控制保护主机退出试验	紧急停运跳闸试验	直流分压器非电量跳闸试验	穿墙套管非电量跳闸试验	阀厅火灾跳闸试验	
1	极控制A						
2	极控制B						
3	直流站控A						
4	直流站控B						
…	……						

2.11.5 检查评价表格

对工作中检查出的问题进行汇总记录，并进行验收评价，留档保存，表格示例见表2-11-5。

表2-11-5　　跳闸功能专项试验验收评价表

检查人	×××	检查日期	××××年××月××日
存在问题汇总			

2.12 通信总线、LAN 网络故障响应试验验收标准作业卡

2.12.1 验收范围说明

本验收标准作业卡适用于换流站直流控制保护通信总线、LAN 网络故障响应试验验收工作，验收范围包括：直流控制保护装置。

2.12.2 验收准备工作

各阶段验收工作开展前，运检人员应当提前明确验收的时间、人员、车辆机具、仪器工具、图纸资料等，并至少在验收开展的前一天完成准备工作的确认。通信总线、LAN 网络故障响应试验验收准备工作表见表 2-12-1，通信总线、LAN 网络故障响应试验验收工器具清单见表 2-12-2。

表 2-12-1　　通信总线、LAN 网络故障响应试验验收准备工作表

序号	项目	工作内容	实施标准	负责人	备注
1	时间安排	验收工作开展前，应当组织业主、厂家、施工、监理、运检人员现场联合勘查，在各方均认为现场满足验收条件后方可开展	装置及外部回路安装完成，单体装置调试完毕，二次回路及接口功能验收完毕，装置功能验收完成		
2	人员安排	(1) 如人员、车辆充足可组织多个验收组同时开展工作。 (2) 验收组建议至少安排运检人员 3 人、直流控制保护厂家人员 2 人、监理 1 人。 (3) 将验收组内部分为监控后台小组、屏柜小组：监控后台小组需运检 2 人、厂家 1 人、监理 1 人；屏柜小组需运检 1 人、厂家 1 人	验收前成立临时专项验收组，组织运检、施工、厂家、监理人员共同开展验收工作		
3	车辆工具安排	验收工作开展前，准备好验收所需、仪器仪表、工器具、安全防护用品、验收记录材料、相关图纸及相关技术资料	(1) 仪器仪表、工器具、安全防护用品应试验合格，满足本次施工的要求。 (2) 验收记录材料、相关图纸及相关技术资料齐全并符合现场实际情况		
4	验收交底	根据本次作业内容和性质确定好检修人员，并组织学习本作业卡	要求所有工作人员都明确本次工作的作业内容、进度要求、作业标准及安全注意事项		

表 2-12-2　　通信总线、LAN 网络故障响应试验验收工器具清单

序号	名称	型号	数量	备注
1	万用表	—	每人1只	
2	光功率计	—	每人1套	
3	红光笔	—	1支	
4	光纤清洁剂（盒）	—	1盒	
5	螺钉旋具	—	每人1套	
6	对讲机	—	每人1台	

2.12.3　验收检查记录

本试验以南瑞技术路线为例，其他技术路线可根据现场实际情况制定相应试验方案。通信总线、LAN 网络故障响应试验验收检查记录表见表 2-12-3。

表 2-12-3　　通信总线、LAN 网络故障响应试验验收检查记录表

序号	验收项目	验收方法及标准	验收结论（√或×）	备注
1	同层控制与保护主机之间实时控制 LAN 网络	试验条件：同层控制主机一套在运行状态、一套在备用状态，三套换流器保护主机 PPR、三套母线保护主机 DBP、三套换流变压器保护主机 CTP 均在运行状态，所有三取二主机正常		
2		试验目的：检查控制主机与保护主机之间实时控制 LAN 网络故障对控制保护系统的影响		
3		试验方法： （1）断开 PCP 主机与极保护和三取二之间通信的实时控制 LAN 总线发送端（B07 板卡 ETH-M5 口发送端、ETH-S5 口发送端），检查相关主机的监视及切换情况，实验完毕后恢复试验前状态。 （2）断开 PCP 主机与极保护和三取二之间通信的实时控制 LAN 总线接收端（B07 板卡 ETH-M5 口接收端、ETH-S5 口接收端），检查相关主机的监视及切换情况，实验完毕后恢复试验前状态。 （3）断开 PPR1A 主机与极控制主机之间的实时控制 LAN 总线发送端（B07 板卡 ETH-M1 口发送端、ETH-S1 口发送端），检查相关主机的监视及切换情况，实验完毕后恢复试验前状态。 （4）断开 PPR1A 主机与极控制主机之间的实时控制 LAN 总线接收端（B07 板卡 ETH-M1 口接收端、ETH-S1 口接收端），检查相关主机的监视及切换情况，实验完毕后恢复试验前状态。 （5）在 DCC、DBP、CTP 主机上进行上述试验		

续表

序号	验收项目	验收方法及标准	验收结论（√或×）	备注
4	同层控制与保护主机之间实时控制 LAN 网络	预期试验结果： （1）断开 PCP1A 主机与保护通信的实时控制 LAN 两个发送端，PCP1A 与三套保护失去联系，紧急故障，系统切换正常；PPR1A/B/C 仅有报警事件。 （2）断开 PCP1A 主机与保护通信的实时控制 LAN 两个接收端，PCP1A 主机与所有保护失去联系，PCP1A 紧急故障，系统切换正常。 （3）断开 PPR1A 主机与控制通信的实时控制 LAN 两个发送端，PPR1A 与冗余的控制系统通信断开，紧急故障，退出其各保护功能保护；PCP1A/B 轻微故障，不切换。 （4）断开 PPR1A 主机与控制通信的实时控制 LAN 两个接收端，PPR1A 紧急故障，PPR1A 各保护功能退出；PCP1A/B 轻微故障，不切换。 （5）断开 DCCA 主机与保护通信的实时控制 LAN 两个发送端，DCCA 与三套保护均失去联系，DCCA 紧急故障，系统切换正常；DBP1A/B/C 报接收错误。 （6）断开 DCCA 主机与保护通信的实时控制 LAN 两个接收端，DCCA 主机与所有保护失去联系，产生紧急故障，系统切换正常。 （7）断开 DBP1A 主机与控制通信的实时控制 LAN 两个发送端，DBP1A 主机与冗余控制主机通信断开，紧急故障，退出其各保护功能；DCCA/B 轻微故障，不切换。 （8）断开 DBP1A 主机与控制通信的实时控制 LAN 两个接收端，DBP1A 紧急故障，保护功能退出；DCCA/B 轻微故障，不切换。 （9）断开 CTP1A 主机与控制通信的实时控制 LAN 两个发送端，CTP1A 与冗余的控制系统通信断开，紧急故障，退出其各保护功能保护；PCP1A/B 轻微故障，不切换。 （10）断开 CTP1A 主机与控制通信的实时控制 LAN 两个接收端，CTP1A 紧急故障，CTP1A 各保护功能退出；PCP1A/B 轻微故障，不切换		
5	极层保护 LAN 网络	试验条件：控制主机一套在运行状态、一套在备用状态，至少一套保护主机在运行状态，两套三取二主机正常		
6		试验目的：检查保护装置与保护三取二装置之间的极层保护 LAN 网络故障对控制系统的影响		

续表

序号	验收项目	验收方法及标准	验收结论（√或×）	备注
7	极层保护 LAN 网络	试验步骤： （1）断开换流变压器保护三取二装置 T2F 的极层保护 LAN 网络通信光纤（B03 板卡的 M4 口、S4 口），检查相关主机的监视及切换情况，实验完毕后恢复试验前状态。 （2）断开极保护三取二装置 P2F 的极层保护 LAN 网络通信光纤（B03 板卡的 M4 口、S4 口），检查相关主机的监视及切换情况，实验完毕后恢复试验前状态。 （3）断开直流母线保护三取二装置 B2F 的极层保护 LAN 网络通信光纤（B03 板卡的 M4 口、S4 口），检查相关主机的监视及切换情况，实验完毕后恢复试验前状态。 （4）断开直流线路保护三取二装置 L2F 的极层保护 LAN 网络通信光纤（B03 板卡的 M1 口、S1 口），检查相关主机的监视及切换情况，实验完毕后恢复试验前状态。 （5）断开直流母线保护 DBP 的极层保护 LAN 网络通信光纤（B07 板卡 M2 口，S2 口），检查相关主机的监视及切换情况，实验完毕后恢复试验前状态		
8		预期试验结果： （1）断开任一根 T2F 的极层保护 LAN 网络通信光纤，T2F、L2F 与 DBP 均报轻微故障。 （2）断开任一根 P2F 的极层保护 LAN 网络通信光纤，P2F、L2F 与 DBP 均报轻微故障。 （3）断开任一根 B2F 的极层保护 LAN 网络通信光纤，B2F、L2F 与 DBP 均报轻微故障。 （4）断开任一根 L2F 的极层保护 LAN 网络通信光纤，T2F、P2F、B2F、L2F 与 DBP 均报轻微故障。 （5）断开任一根 DBP 的极层保护 LAN 网络通信光纤，T2F、P2F、L2F 与 DBP 均报轻微故障		
9	站层控制 LAN 网络	试验条件：控制主机一套在运行状态、一套在备用状态，至少一套保护主机在运行状态，至少一套三取二主机正常		
10		试验目的：检查站控制系统之间的层保护 LAN 网络故障的影响		
11		试验步骤： （1）断开 PCP1A 主机站层控制 LAN 总线，检查相关主机的监视及切换情况，实验完毕后恢复试验前状态。 （2）断开直流站控 DCCA 主机站层控制 LAN 总线，检查相关主机的监视及切换情况，实验完毕后恢复试验前状态。 （3）在 ACC 上重复上述试验		

续表

序号	验收项目	验收方法及标准	验收结论（√或×）	备注
12	站层控制 LAN 网络	预期试验结果： （1）断开 PCP1A 主机站层控制 LAN 通道，DCC、ACC 均轻微故障。PCP1A 轻微故障，系统切换正常。 （2）断开 DCC 主机主机站层控制 LAN 通道，PCP、ACC 均轻微故障，DCCA 轻微故障，系统切换正常		
13	现场控制 LAN 网络	试验条件：控制主机一套在运行状态、一套在备用状态，至少一套保护主机在运行状态，至少一套三取二主机正常		
14		试验目的：检查控制主机现场控制 LAN 总线故障对控制系统的影响		
15		试验步骤： （1）断开 PCP 的 NET1 的 STNLANA、NET2 的 STN LANB 主机站层控制 LAN 总线，检查相关主机的监视及切换情况，实验完毕后恢复试验前状态。 （2）断开 DCC 的 NET1 的 STN LANA、NET2 的 STN LANB 主机站层控制 LAN 总线，检查相关主机的监视及切换情况，实验完毕后恢复试验前状态。 （3）在 ACC 上重复上述试验		
16		预期试验结果： （1）断开 PCP 主机现场控制 STN LANA 通道，A 套主机严重故障，若 A 套主机初始为运行，则系统正常切换，退至服务态；若初始为备用，则退至服务态；若断开 PCP 主机现场控制 STN LANB 通道，B 套主机严重故障，若 B 套主机初始为运行，则系统正常切换，退至服务态；若初始为备用，则退至服务态。 （2）断开 DCC 主机现场控制 STN LANA 通道，A 套主机严重故障，若 A 套主机初始为运行，则系统正常切换，退至服务态；若初始为备用，则退至服务态；若断开 DCC 主机现场控制 STN LANB 通道，B 套主机严重故障，若 B 套主机初始为运行，则系统正常切换，退至服务态；若初始为备用，则退至服务态		

续表

序号	验收项目	验收方法及标准	验收结论（√或×）	备注
17	控制主机测量系统的 IEC60044-8 总线	试验条件：控制主机一套在值班状态、一套在备用状态，至少一套保护主机在值班状态，至少一套三取二主机正常		
18		试验目的：检查控制主机测量系统的 IEC60044-8 总线故障对控制系统的影响		
19		试验步骤： （1）断开 PCP 主机与 PMU 换流阀合并单元、PCP 主机与本屏柜 1130 板卡之间的 IEC60044-8 总线，检查相关主机的监视及切换情况。 （2）断开 DCC 主机与 BMU 直流母线合并单元、DCC 主机与 LMU 直流线路合并单元之间的 IEC60044-8 总线，检查相关主机的监视及切换情况		
20		预期试验结果： （1）断开 PCP 与 PMU 换流阀合并单元之间的 IEC60044-8 总线，根据电气测点的不同，设故障等级不同，现场为准。PCP 主机与本屏柜 1130 板卡之间的 IEC60044-8 总线，产生紧急故障，若该主机为值班状态则，控制系统切换，该主机退出值班，退出备用。若该主机为备用状态，则系统不切换，该系统退出备用。 （2）断开 DCC 与 BMU 直流母线合并单元、DCC 主机与 LMU 直流线路合并单元之间的 IEC60044-8 总线，根据电气测点的不同，所设置的故障等级不同，现场为准		
21	保护主机测量系统的 IEC60044-8 总线	试验条件：控制主机一套在值班状态、一套在备用状态，三套保护主机在值班状态，两套三取二主机正常		
22		试验目的：检查保护主机测量系统的 IEC60044-8 总线故障对保护系统的影响		
23		试验步骤： （1）断开 PPR 极保护主机与 PMU 换流阀合并单元、PPR 极保护主机与 QMU 直流启动电阻合并单元、PPR 极保护主机与本屏柜 1130 板卡之间的 IEC60044-8 总线，检查相关主机的监视及切换情况。 （2）断开 DBP 直流母线保护主机与 PMU 换流阀合并单元、DBP 直流母线保护主机与 BMU 直流母线合并单元、DBP 直流母线保护主机与 LMU 直流线路合并单元之间的 IEC60044-8 总线，检查相关主机的监视及切换情况。 （3）断开 DLP 直流线路保护主机与 LMU 直流线路合并单元之间的 IEC60044-8 总线，检查相关主机的监视及切换情况		

续表

序号	验收项目	验收方法及标准	验收结论（√或×）	备注
24	保护主机测量系统的 IEC60044-8 总线	预期试验结果： （1）断开 PPR 与 PMU 换流阀合并单元、PPR 主机与 QMU 直流启动电阻合并单元、PPR 主机与本屏柜 1130 板卡之间的 IEC60044-8 总线，PPR 主机紧急故障，保护功能退出。 （2）断开 DBP 与 PMU 换流阀合并单元、DBP 主机与 BMU 直流母线合并单元、DBP 主机与 LMU 直流线路合并单元之间的 IEC60044-8 总线，DBP 主机紧急故障，保护功能退出。 （3）断开 DLP 与 LMU 直流线路合并单元的 IEC60044-8 总线，DLP 主机紧急故障，保护功能退出		
25	极间通信总线	试验条件：控制主机一套在值班状态、一套在备用状态，至少一套保护主机在值班状态，至少一套三取二主机正常		
26		试验目的：检查控制主机 PCP 极间通信故障对控制系统的影响		
27		试验步骤： （1）断开 PCP1 值班主机与对极值班 PCP2 主机一对通信光纤（B07-ETH-M2/ETH-S2），检查主机状态。 （2）断开值班 PCP1 主机与对极值班 PCP2 主机两对通信光纤（B07-ETH-M2/ETH-S2），检查主机状态		
28		预期试验结果： （1）断开值班 PCP1 主机与对极值班 PCP2 主机一对通信光纤（B07-ETH-M2/ETH-S2），主机报轻微故障。 （2）断开值班 PCP1 主机与对极值班 PCP2 主机两对通信光纤（B07-ETH-M2/ETH-S2），主机报严重故障		
29	CAN 总线	试验条件：控制主机一套在值班状态、一套在备用状态，三套保护主机在值班状态，两套三取二主机正常		
30		试验目的：检查 IO 主机 CAN 总线故障对控制系统的影响		

续表

序号	验收项目	验收方法及标准	验收结论（√或×）	备注
31	CAN 总线	试验步骤： （1）断开换流变压器接口装置 TSIA（或 TSIB）一个 IO 机箱的 CAN 总线，检查主机监视及切换情况。 （2）断开直流场接口装置 DFTA（或 DFTB）一个 IO 机箱的 CAN 总线，检查主机监视及切换情况。 （3）断开双极区接口装置 BFTA（或 BFTB）一个 IO 机箱的 CAN 总线，检查主机监视及切换情况。 （4）断开直流站控接口装置 DCTA（或 DCTB）一个 IO 机箱的 CAN 总线，检查主机监视及切换情况。 （5）断开 PCP 屏柜内 PCP 与 IO 之间 CAN 总线，检查主机监视及切换情况。 （6）断开 DCC 屏柜内 DCC 与 IO 之间 CAN 总线，检查主机监视及切换情况		
32		预期试验结果： （1）断开 TSIA 一个 IO 机箱的 CAN 总线，PCPA 严重故障；断开 TSIB 一个 IO 机箱的 CAN 总线，PCPB 严重故障。 （2）断开 DFTA 一个 IO 机箱的 CAN 总线，PCPA 严重故障；断开 DFTB 一个 IO 机箱的 CAN 总线，PCPB 严重故障。 （3）断开 BFTA 一个 IO 机箱的 CAN 总线，PCPA 且 DCCA 严重故障；断开 BFTB 一个 IO 机箱的 CAN 总线，PCPB 且 DCCB 严重故障。 （4）断开 DCTA 一个 IO 机箱的 CAN 总线，DCCA 严重故障；断开 DCTB 一个 IO 机箱的 CAN 总线，DCCB 严重故障。 （5）断开 PCP 主机与 PCP IO 机箱之间一路 CAN 总线，PCP 严重故障，断开两路 CAN 总线，PCP 紧急故障。 （6）断开 DCC 主机与 DCC IO 机箱之间一路 CAN 总线，DCC 严重故障，断开两路 CAN 总线，DCC 紧急故障		
33	信号电源丢失	试验条件：控制主机一套在值班状态、一套在备用状态，三套保护主机在值班状态，两套三取二主机正常		
34		试验目的：检查信号电源丢失对控制保护系统的影响		

续表

序号	验收项目	验收方法及标准	验收结论（√或×）	备注
35	信号电源丢失	试验步骤： （1）断开换流变压器接口装置 TSIA（或 TSIB）的信号电源，检查主机监视及切换情况。 （2）断开直流场接口装置 DFTA（或 DFTB）的信号电源，检查主机监视及切换情况。 （3）断开双极区接口装置 BFTA（或 BFTB）的信号电源，检查主机监视及切换情况。 （4）断开直流站控接口装置 DCTA（或 DCTB）的信号电源，检查主机监视及切换情况。 （5）断开 PCP 屏柜内 IO 装置的信号电源，检查主机监视及切换情况。 （6）断开 DCC 屏柜内 IO 装置的信号电源，检查主机监视及切换情况		
36		预期试验结果： （1）断开换流变压器接口装置 TSIA（或 TSIB）的信号电源，PCP 严重故障，系统切换。 （2）断开直流场接口装置 DFTA（或 DFTB）的信号电源，PCP 严重故障，系统切换。 （3）断开双极区接口装置 BFTA（或 BFTB）的信号电源，DCC 轻微故障，系统切换。 （4）断开直流站控接口装置 DCTA（或 DCTB）的信号电源，DCC 严重故障，系统切换。 （5）断开 PCP 屏柜内 IO 装置的信号电源，PCP 严重故障，系统切换。 （6）断开 DCC 屏柜内 IO 装置的信号电源，DCC 严重故障，系统切换		
37	交换机电源丢失	试验条件：控制主机一套在值班状态、一套在备用状态，三套保护主机在值班状态，两套三取二主机正常		
38		试验目的：检查交换机断电对控制保护系统的影响		
39		试验步骤： （1）同层控制与保护主机之间实时控制 LAN 网络交换机断电，检查相关主机的监视及切换情况。 （2）极层保护 LAN 网络交换机断电，检查相关主机的监视及切换情况。 （3）站层控制 LAN 网络交换机断电，检查相关主机的监视及切换情况。 （4）现场控制 LAN 网络交换机断电，检查相关主机的监视及切换情况		
40		预期试验结果： （1）同层控制与保护主机之间实时控制 LAN 网络交换机断电，PCP 两套控制装置轻微故障、DCC 两套控制装置轻微故障。 （2）极层保护 LAN 网络交换机断电，PCP 两套控制装置轻微故障、DCC 两套控制装置轻微故障。 （3）站层控制 LAN 网络交换机断电，PCP 两套控制装置轻微故障、DCC 两套控制装置轻微故障。 （4）现场控制 LAN 网络交换机断电，PCP 两套控制装置轻微故障、DCC 两套控制装置轻微故障		

2.12.4 验收记录表格

在工作中对于重要的内容进行专项检查记录并留档保存。通信总线、LAN网络故障响应试验验收项目记录表见表2-12-4。

表2-12-4　　通信总线、LAN网络故障响应试验验收项目记录表

序号	设备名称	验收项目										验收人
		同层控制与保护主机之间实时控制LAN网络	极层保护LAN网络	站层控制LAN网络	现场控制LAN网络	控制主机测量系统的IEC60044-8总线	保护主机测量系统的IEC60044-8总线	极间通信总线	CAN总线	信号电源丢失	交换机电源丢失	
1	极控制A											
2	极控制B											
3	直流站控A											
4	直流站控B											
…	……											

2.12.5 检查评价表格

对工作中检查出的问题进行汇总记录，并进行验收评价，留档保存，表格示例见表2-12-5。

表2-12-5　　通信总线、LAN网络故障响应试验验收评价表

检查人	×××	检查日期	××××年××月××日
存在问题汇总			

2.13 直流控制保护系统投运前验收标准作业卡

2.13.1 验收范围说明

本验收标准作业卡适用于换流站投运前对直流控制保护系统的检查，验收范围包括：直流控制保护装置。

2.13.2 验收准备工作

各阶段验收工作开展前，运检人员应当提前明确验收的时间、人员、车辆机具、仪器工具、图纸资料等，并至少在验收开展的前一天完成准备工作的确认。直流控制保护系统投运前检查准备工作表见表2-13-1，直流控制保护系统投运前检查验收工器具清单见表2-13-2。

表2-13-1　直流控制保护系统投运前检查准备工作表

序号	项目	工作内容	实施标准	负责人	备注
1	时间安排	验收工作开展前，应当组织业主、厂家、施工、监理、运检人员现场联合勘查，在各方均认为现场满足验收条件后方可开展	直流控制保护系统验收完成，控制保护主机不再进行软件修改。全站具备投运条件		
2	人员安排	（1）如人员、车辆充足可组织多个验收组同时开展工作。 （2）验收组建议至少安排运检人员3人、直流控制保护厂家人员2人、监理1人。 （3）将验收组内部分为监控后台小组、屏柜小组：监控后台小组需运检1人、厂家1人、监理1人；屏柜小组需运检2人、厂家1人	验收前成立临时专项验收组，组织运检、施工、厂家、监理人员共同开展验收工作		
3	车辆工具安排	验收工作开展前，准备好验收所需车辆机具、仪器仪表、工器具、安全防护用品、验收记录材料、相关图纸及相关技术资料	（1）车辆机具、仪器仪表、工器具、安全防护用品应试验合格，满足本次施工的要求。 （2）验收记录材料、相关图纸及相关技术资料齐全并符合现场实际情况		
4	验收交底	根据本次作业内容和性质确定好检修人员，并组织学习本作业卡	要求所有工作人员都明确本次工作的作业内容、进度要求、作业标准及安全注意事项		

表 2-13-2　　直流控制保护系统投运前检查验收工器具清单

序号	名称	型号	数量	备注
1	万用表	—	每人 1 只	
2	螺钉旋具	—	每人 1 套	
3	对讲机	—	每人 1 台	

2.13.3　验收检查记录

直流控制保护系统投运前检查验收检查记录表见表 2-13-3。

表 2-13-3　　直流控制保护系统投运前检查验收检查记录表

序号	验收项目	验收方法及标准	验收结论（√或×）	备注
1	控制保护主机投运前检查	电源检查：检查相关电源开关均在合位且装置电源运行正常（工作指示灯点亮）		
2		主机检查：装置无异常告警灯，主机“值班/备用”状态正常，且现场状态与 OWS 后台状态一致		
3		跳闸出口检查：通过万用表检查控制保护装置无跳闸出口		
4		后台检查：无相关异常报文		
5		回路检查：电磁式电流互感器二次回路在端子排处无开路，相应端子无松动		

2.13.4　验收记录表格

在工作中对于重要的内容进行专项检查记录并留档保存。直流控制保护系统投运前检查验收项目记录表见表 2-13-4。

表 2-13-4　　直流控制保护系统投运前检查验收项目记录表

序号	设备名称	验收项目				验收人
		电源检查	主机检查	跳闸出口检查	后台检查	
1	阀组控制主机投运前检查					

续表

序号	设备名称	验收项目				验收人
		电源检查	主机检查	跳闸出口检查	后台检查	
2	极控制主机投运前检查					
3	直流站控主机投运前检查					
4	交流站控主机投运前检查					
5	极保护主机投运前检查					
…	……					

2.13.5 检查评价表格

对工作中检查出的问题进行汇总记录，并进行验收评价，留档保存，表格示例见表 2-13-5。

表 2-13-5　　直流控制保护系统投运前检查验收评价表

检查人	×××	检查日期	××××年××月××日
存在问题汇总			

第3章　高压直流断路器

3.1　应用范围

本作业指导书适用于换流站高压直流断路器交接试验和竣工验收工作，部分验收项目需根据实际情况提前安排，通过随工验收、资料检查等方式开展，旨在指导并规范现场验收工作。

3.2　规范依据

本作业指导书的编制依据并不限于以下文件：

《国家电网公司直流换流站验收管理规定　第4分册　换流阀验收细则》

《国家电网公司直流换流站验收管理规定　第14分册　阀控系统验收细则》

《国家电网有限公司十八项电网重大反事故措施（2018版）》

《国家电网有限公司防止柔性直流关键设备事故措施（试行）》

《柔性直流系统直流断路器验收规范》（Q/GDW 12221—2022）

《高压柔性直流设备预防性试验规程》（Q/GDW 12220—2022）

《柔性直流系统用高压直流断路器的共用技术要求》（GB/T 38328—2019）

《国家电网公司全过程技术监督精益化管理实施细则》

《国家电网有限公司换流站运行重点问题分析及处理措施报告》

3.3　验收方法

3.3.1　验收流程

高压直流断路器专项验收工作应参照表3-3-1验收项目内容顺序开展，并在验收工作中把握关键时间节点。

表 3-3-1　　　　　　　　　　　　　　　　　　**高压直流断路器验收标准流程**

序号	验收项目	主要工作内容	参考工时	开展验收需满足的条件
1	直流断路器阀塔外观验收	（1）阀塔框架结构、屏蔽罩、均压环检查验收。 （2）阀塔光纤、阀塔水管、阀塔通流回路外观验收。 （3）绝缘子检查	1h/台	直流断路器阀塔安装完成，并完成清灰工作
2	光纤检查验收	（1）阀塔光纤及槽盒外观检查。 （2）光纤衰耗测试。 （3）光纤连接情况检查	8h/台	（1）直流断路器阀塔安装完成，并完成清灰工作。 （2）直流断路器阀塔光纤铺设后未插入板卡前需进行光衰的测试
3	直流断路器主通流回路检查验收	（1）主通流回路搭接面螺栓力矩检查。 （2）主通流回路搭接面直阻检查	2h/台	直流断路器阀塔安装完成，并完成清灰工作
4	快速机械开关检查验收	（1）快速机械开关检查。 （2）快速机械开关试验	8h/台	直流断路器阀塔安装完成，并完成清灰工作
5	功率开关组部件检查验收	（1）功率开关组部件检查。 （2）功率开关组部件试验	5h/台	直流断路器阀塔安装完成，并完成清灰工作
6	耗能支路MOV检查验收	（1）耗能支路MOV检查。 （2）耗能支路MOV试验	2h/台	直流断路器阀塔安装完成，并完成清灰工作
7	供能变压器检查验收	（1）供能变压器检查。 （2）供能变压器试验	2h/台	直流断路器阀塔安装完成，并完成清灰工作
8	UPS及低压开关柜检查验收	（1）UPS及低压开关柜检查。 （2）UPS及低压开关柜试验	3h/台	直流断路器阀塔安装完成，并完成清灰工作
9	直流测量装置验收	（1）直流测量装置检查。 （2）直流测量装置试验	4h/台	直流断路器阀塔安装完成，并完成清灰工作
10	电容器检查验收	（1）电容器检查。 （2）电容器试验	2h/台	直流断路器阀塔安装完成，并完成清灰工作
11	电抗器检查验收	（1）电抗器检查。 （2）电抗器试验	1h/台	直流断路器阀塔安装完成，并完成清灰工作
12	直流断路器阀塔水管检查验收	（1）阀塔水管结构检查。 （2）阀塔水管接头力矩检查	1h/阀塔	直流断路器阀塔安装完成，并完成清灰工作

续表

序号	验收项目	主要工作内容	参考工时	开展验收需满足的条件
13	阀塔水压试验	阀塔水冷系统水压试验	3h/阀厅	（1）直流断路器阀塔安装完成，并完成清灰工作。 （2）直流断路器阀塔水管验收完成、水冷系统水管验收完成
14	漏水检测装置验收	（1）漏水检测装置外观验收。 （2）漏水检测装置功能验收	0.5h/台	（1）直流断路器阀塔上工作全部完成。 （2）直流断路器控制保护屏柜安装调试工作全部完成
15	直流断路器控制保护系统验收	（1）直流断路器控制保护系统分系统试验。 （2）直流断路器控制保护系统切换试验。 （3）直流断路器控制保护系统定值、版本号检查。 （4）直流断路器控制保护系统报文验证	6h/台	（1）直流断路器控制保护系统安装调试完成。 （2）直流断路器控制保护系统具备配合直流控制保护系统进行测试条件
16	直流断路器投运前检查	（1）直流断路器阀塔水管阀门位置检查。 （2）直流断路器阀塔遗留物件清查。 （3）直流断路器阀塔光纤电缆连接检查。 （4）直流断路器阀控检修模式检查。 （5）直流断路器阀控状态、报文检查	2h/台	（1）所有验收完成后。 （2）直流断路器带电前

3.3.2 验收问题记录清单

对于验收过程中发现的隐患和缺陷，应当按照表3-3-2进行记录，每日向业主项目部提报，并由专人负责跟踪闭环进度。

表3-3-2 直流断路器及其控制保护设备验收问题记录清单

序号	设备名称	问题描述	发现人	发现时间	整改情况
1	0511D高压直流断路器	……	×××	××××年××月××日	……
2	0511D直流断路器控制保护系统	……	×××	××××年××月××日	……
…	……				

3.4 阀塔外观验收标准作业卡

3.4.1 验收范围说明

本验收标准作业卡适用于换流站高压直流断路器阀塔外观交接验收工作，验收范围包括：

（1）南瑞继保混合式直流断路器；

（2）许继电气混合式直流断路器；

（3）普瑞工程混合式直流断路器；

（4）北电耦合负压式直流断路器；

（5）思源电气机械式直流断路器。

3.4.2 验收准备工作

各阶段验收工作开展前，运检人员应当提前明确验收的时间、人员、车辆机具、仪器工具、图纸资料等，并至少在验收开展的前一天完成准备工作的确认。换流阀外观验收准备工作表见表 3-4-1，换流阀外观验收工器具清单见表 3-4-2。

表 3-4-1　　直流断路器阀塔外观验收准备工作表

序号	项目	工作内容	实施标准	负责人	备注
1	时间安排	验收工作开展前，应当组织业主、厂家、施工、监理、运检人员现场联合勘查，在各方均认为现场满足验收条件后方可开展	直流断路器阀塔安装工作已完成，完成阀塔清理工作		
2	人员安排	（1）如人员、车辆充足可组织多个验收组同时开展工作。 （2）每个验收组建议至少安排验收人员 1 人、厂家人员 1 人、施工单位 1 人、监理 1 人、平台车专职驾驶员 1 人（厂家或施工单位人员）。 （3）验收组所有人员均在平台车上和阀塔内开展工作	验收前成立临时专项验收组，组织验收、施工、厂家、监理人员共同开展验收工作		

续表

序号	项目	工作内容	实施标准	负责人	备注
3	车辆工具安排	验收工作开展前，准备好验收所需车辆机具、仪器仪表、工器具、安全防护用品、验收记录材料、相关图纸及相关技术资料	（1）车辆机具、仪器仪表、工器具、安全防护用品应试验合格，满足本次施工的要求。 （2）验收记录材料、相关图纸及相关技术资料齐全并符合现场实际情况		
4	验收交底	根据本次作业内容和性质确定好检修人员，并组织学习本作业卡	要求所有工作人员都明确本次工作的作业内容、进度要求、作业标准及安全注意事项		

表 3-4-2　　直流断路器阀塔外观验收工器具清单

序号	名称	型号	数量	备注
1	阀厅平台车	—	1 辆	
2	连体防尘服	—	每人 1 套	
3	安全带	—	每人 1 套	
4	车辆接地线	—	每辆 1 根	
5	手电筒	—	每人 1 套	

3.4.3　验收检查记录

换流阀外观验收检查记录表见表 3-4-3。

表 3-4-3　　直流断路器阀塔外观验收检查记录表

序号	验收项目	验收方法及标准	验收结论（√或×）	备注
1	阀塔整体外观检查	通过在阀厅平台车上逐层检查和进入直流断路器阀塔检查两种方式，进行阀塔整体外观检查		
2		直流断路器阀塔外观清洁，屏蔽罩、均压环、阀塔钢盘无明显积灰		
3		直流断路器阀塔按设计图纸安装完毕，所有元器件安装位置正确，通流回路、冷却回路、光纤回路安装正确		

续表

序号	验收项目	验收方法及标准	验收结论（√或×）	备注
4	阀塔整体外观检查	直流断路器阀塔标识清晰明确		
5		直流断路器阀塔层间绝缘子伞裙无外观破损，绝缘子表面无裂纹		
6		直流断路器阀塔内无异物，无工具、材料等施工及试验遗留物		
7		直流断路器阀塔主水管无渗漏、无破损		
8	阀塔设备防火防爆情况检查	检查每个电气连接应牢固、可靠，避免产生过热和电弧		
9		阀上的内冷却系统应避免因漏水、冷却水中含杂质以及冷却系统腐蚀等原因而导致电弧和火灾发生		
10		阀塔内非金属材料不应低于UL94V0材料标准，应按照美国材料和试验协会（ASTM）的E135标准进行燃烧特性试验或提供第三方试验报告		
11		直流断路器阀塔光缆槽内应放置防火包，出口应使用阻燃材料封堵。可燃物排查需排查阀塔中所有非金属材料的阻燃性能，要求厂家根据反措要求提供阀塔元件的阻燃试验报告		
12		电容器填充树脂应具备阻燃性或燃烧后无任何腐蚀性、危险性气体释放，填充材料应提供材质证明和第三方阻燃性等级证明		
13	组部件外观检查	快速机械开关、功率开关及MOV等组部件外观完好无损，无遗留工具和异物，无水及污渍		
14		连接母排各个螺丝力矩标示线无位		
15		光纤表皮无老化、破损、变形现象，光纤弯曲半径不小于50mm，符合产品技术规范要求		
16		光纤槽盒固定及连接可靠、无受潮、无积灰，表面涂层完好（如有），无破损		
17		连接水管、水管接头有防震磨损措施，无漏水、渗水现象		
18		检查光纤标识牢固		
19		散热器无变形，表面无锈蚀或变色		
20		功率器件、缓冲电容、均压电阻、中控板控制单元防护罩等外观正常，无变形、变色或损坏，金属部分无锈蚀		
21	等电位线检查	等电位线连接正确可靠，用万用表测量小于1Ω		
22		备用光纤接头等电位连接可靠，用万用表测量小于1Ω		

续表

序号	验收项目	验收方法及标准	验收结论（√或×）	备注
23	等电位线检查	蝶阀、球阀、排气阀等电位线连接可靠，用万用表测量小于1Ω		
24		水电极等电位线连接可靠，用万用表测量小于1Ω		
25	阀塔支撑绝缘子检查	直流断路器阀塔支撑绝缘子及斜拉绝缘子伞裙无外观破损，绝缘子表面无裂纹		

3.4.4 验收记录表格

在工作中对于重要的内容进行专项检查记录并留档保存。直流断路器外观验收记录表见表3-4-4。

表3-4-4　　直流断路器外观验收记录表

设备名称	验收项目					验收人
	阀塔整体外观检查	阀塔设备防火防爆情况检查	组部件外观检查	等电位线检查	阀塔支撑绝缘子检查	
0511D高压直流断路器						
0512D高压直流断路器						
……						

3.4.5 检查评价表格

对工作中检查出的问题进行汇总记录，并进行验收评价，留档保存，表格示例见表3-4-5。

表3-4-5　　直流断路器阀塔外观验收评价表

检查人	×××	检查日期	××××年××月××日
存在问题汇总			

3.5 光纤检查验收标准作业卡

3.5.1 验收范围说明

本验收标准作业卡适用于换流站高压直流断路器光纤检查验收交接验收工作，验收范围包括：

（1）南瑞继保混合式直流断路器；

（2）许继电气混合式直流断路器；

（3）普瑞工程混合式直流断路器；

（4）北电耦合负压式直流断路器；

（5）思源电气机械式直流断路器。

3.5.2 验收准备工作

各阶段验收工作开展前，运检人员应当提前明确验收的时间、人员、车辆机具、仪器工具、图纸资料等，并至少在验收开展的前一天完成准备工作的确认。光纤检查验收准备工作表见表 3-5-1，光纤检查验收工器具清单见表 3-5-2。

表 3-5-1　光纤检查验收准备工作表

序号	项目	工作内容	实施标准	负责人	备注
1	时间安排	验收工作开展前，应当组织业主、厂家、施工、监理、运检人员现场联合勘查，在各方均认为现场满足验收条件后方可开展	直流断路器阀塔安装工作已完成，完成阀塔清理工作。阀塔光纤铺设完成，但尚未插入		
2	人员安排	（1）如人员、车辆充足可组织多个验收组同时开展工作。 （2）每个验收组建议至少安排运检人员 2 人、厂家人员 2 人、监理 1 人、平台车专职驾驶员 1 人（厂家或施工单位人员）。 （3）光纤衰耗测试时将验收组内部分为阀塔打光小组和屏柜测光小组，阀塔组运检 1 人、厂家 1 人；屏柜则运检 1 人、厂家 1 人、监理 1 人；小组间通过对讲机沟通。 （4）光纤插拔、衰耗测试均由厂家人员进行，其他人员不得触碰	验收前成立临时专项验收组，组织运检、施工、厂家、监理人员共同开展验收工作		

续表

序号	项目	工作内容	实施标准	负责人	备注
3	车辆工具安排	验收工作开展前，准备好验收所需车辆机具、仪器仪表、工器具、安全防护用品、验收记录材料、相关图纸及相关技术资料	（1）车辆机具、仪器仪表、工器具、安全防护用品应试验合格，满足本次施工的要求。 （2）验收记录材料、相关图纸及相关技术资料齐全并符合现场实际情况		
4	验收交底	根据本次作业内容和性质确定好检修人员，并组织学习本作业卡	要求所有工作人员都明确本次工作的作业内容、进度要求、作业标准及安全注意事项		

表 3-5-2　　光纤检查验收工器具清单

序号	名称	型号	数量	备注
1	阀厅平台车	—	1 辆	
2	连体防尘服	—	每人 1 套	
3	安全带	—	每人 1 套	
4	车辆接地线	—	1 根	
5	光纤清洁套装	—	1 套	
6	光纤衰耗测试仪	—	1 套	
7	光时域反射仪	—	1 台	
8	短光纤	仪器校准用	1 根	
9	屏柜光纤插拔工具（如有）	—	1 个	
10	防静电手环	—	1 个	
11	对讲机	—	2 台	

3.5.3　验收检查记录

光纤验收检查记录表见表 3-5-3。

表 3-5-3　　光纤验收检查记录表

序号	验收项目	验收方法及标准	验收结论（√或×）	备注
1	光纤检查	检查直流断路器设备区电缆沟内的光纤或光缆外观完好、无踩踏痕迹		
2		光纤施工过程应做好防振、防尘、防水、防折、防压、防拗等措施，避免光纤损伤或污染		
3		检查电缆沟和直流断路器阀塔光纤槽盒密封良好、无破损		
4		检查电缆沟和直流断路器阀塔光纤槽盒阻燃措施完善，防火包（如有）安装正确，无脱落		
5		光纤槽盒固定及连接可靠、密封良好、无受潮、无积灰		
6		备用光纤数量充足、接头等电位可靠固定，防护到位		
7	光纤衰耗测试	光纤衰耗测试范围包括阀控与直流断路器组部件通信光纤以及直流断路器阀控柜内的全部光纤（含阀塔备用光纤）		
8		测试前使用短光纤对光纤衰耗测试仪进行校零（注意校零后不得关机，否则要重新校准）		
9		在直流断路器阀塔光纤槽盒内取出光纤，并使用光纤测试仪的光源部分进行打光		
10		在直流断路器控制保护屏柜侧取下光纤，并使用光纤测试仪的接收部分进行检测		
11		根据测试结果记录光纤衰耗值，并与标准和光纤安装前的测量数值进行对比		
12		测试完成后清洁光纤头，将光纤插到板卡上（中控板、阀控接口板以及其他板卡）上		
13		若光纤衰耗超标，则使用光时域反射仪（OTDR）进行测试，分析衰耗超标的原因，并进行针对性检查		
14		若光纤衰耗超标且无法修复，则要求厂家补充敷设光纤，并将故障光纤接头剪去塞入槽盒中，防止误用		
15		测试完成后将测试数值记录至光衰测试专用检查表中		
16	光纤连接情况检查	检查光纤连接和排列情况。光纤接头插入、锁扣到位，光纤排列整齐，标识清晰准确，光纤连接正确		
17		光纤表皮无老化、破损、变形现象，光纤（缆）弯曲半径应大于纤（缆）直径的 15 倍，尾纤弯曲直径不应小于 100mm，尾纤自然悬垂长度不宜超过 300mm		

3.5.4 验收记录表格

在工作中对于重要的内容进行专项检查记录并留档保存。光纤检查验收记录表见表 3-5-4。

表 3-5-4 光纤检查验收记录表

设备名称	验收项目			验收人
	光纤检查	光纤衰耗测试	光纤连接情况检查	
0511D 直流断路器快速机械开关 1 与断路器阀控光纤				
0511D 直流断路器第一层转移支路单元 1# 与断路器阀控光纤				
备用光纤				
…				

3.5.5 检查评价表格

对工作中检查出的问题进行汇总记录，并进行验收评价，留档保存，表格示例见表 3-5-5。

表 3-5-5 光纤验收评价表

检查人	×××	检查日期	××××年××月××日
存在问题汇总			

3.6 直流断路器阀塔主通流回路检查验收标准作业卡

3.6.1 验收范围说明

本验收标准作业卡适用于换流站高压直流断路器阀塔主通流回路检查验收交接验收工作，验收范围包括：

（1）南瑞继保混合式直流断路器；

（2）许继电气混合式直流断路器；

(3) 普瑞工程混合式直流断路器；

(4) 北电耦合负压式直流断路器；

(5) 思源电气机械式直流断路器。

3.6.2 验收准备工作

各阶段验收工作开展前，运检人员应当提前明确验收的时间、人员、车辆机具、仪器工具、图纸资料等，并至少在验收开展的前一天完成准备工作的确认。阀塔主通流回路检查验收准备工作表见表 3-6-1，阀塔主通流回路检查验收工器具清单见表 3-6-2。

表 3-6-1　　阀塔主通流回路检查验收准备工作表

序号	项目	工作内容	实施标准	负责人	备注
1	时间安排	验收工作开展前，应当组织业主、厂家、施工、监理、运检人员现场联合勘查，在各方均认为现场满足验收条件后方可开展	直流断路器阀塔安装工作已完成，完成阀塔清理工作		
2	人员安排	(1) 如人员、车辆充足可组织多个验收组同时开展工作。 (2) 每个验收组建议至少安排运检人员 1 人、厂家人员 1 人、施工单位 2 人、监理 1 人、平台车专职驾驶员 1 人（厂家或施工单位人员）。 (3) 验收组所有人员均在阀塔内开展工作。 (4) 力矩检查工作建议由施工人员和厂家配合进行，运检、监理监督见证并记录数据。 (5) 直阻测量工作建议由施工人员和厂家配合进行，运检、监理监督见证并记录数据	验收前成立临时专项验收组，组织运检、施工、厂家、监理人员共同开展验收工作		
3	车辆工具安排	验收工作开展前，准备好验收所需车辆机具、仪器仪表、工器具、安全防护用品、验收记录材料、相关图纸及相关技术资料	(1) 车辆机具、仪器仪表、工器具、安全防护用品应试验合格，满足本次施工的要求。 (2) 验收记录材料、相关图纸及相关技术资料齐全并符合现场实际情况		
4	验收交底	根据本次作业内容和性质确定好检修人员，并组织学习本作业卡	要求所有工作人员都明确本次工作的作业内容、进度要求、作业标准及安全注意事项		

表 3-6-2 阀塔主通流回路检查验收工器具清单

序号	名称	型号	数量	备注
1	阀厅平台车	—	1 辆	
2	连体防尘服	—	每人 1 套	
3	安全带	—	每人 1 套	
4	车辆接地线	—	1 根	
5	力矩扳手	满足力矩检查要求	1 套	
6	棘轮扳手	—	1 套	
7	签字笔	红色、黑色	1 套	
8	无水乙醇	—	1 瓶	
9	百洁布	—	1 套	
10	便携式直阻仪	—	1 台	

3.6.3 验收检查记录

阀塔主通流回路检查验收表见表 3-6-3。

表 3-6-3 阀塔主通流回路检查验收表

序号	验收项目	验收方法及标准	验收结论（√或×）	备注
1	主通流回路结构和安装情况检查	核对接头材质、有效接触面积、载流密度、螺栓标号、力矩要求等与设计文件一致，通流回路连接螺栓具有防松动措施（防松动措施包括使用弹片、叠帽、平弹一体垫片、防松螺栓等方式）		
2		检查安装阶段螺丝紧固后应进行的档案和记录		
3	通流回路外观检查	检查通流回路外观良好，连接可靠接触良好，无变形、无变色、无锈蚀、无破损		
4		检查力矩双线标识清晰且划在螺母侧，力矩线需连续、清晰、与螺母垂直，且母排、垫片、螺母、螺栓均需划到		
5		检查软连接完好，无散股、断股现象		
6		若螺栓采用平弹一体结构，应当检查平弹一体垫片是否装反		

续表

序号	验收项目	验收方法及标准	验收结论（√或×）	备注
7	主通流回路搭接面螺栓力矩复查	力矩检查工作由施工人员执行、厂家人员监督、运检和监理见证记录，四方共同开展		
8		确认接头直阻测量和力矩检查结果满足技术要求（参照专用检查表格），使用80%力矩检查螺栓紧固到位后划线标记，并建立档案，做好记录；运维单位应按不小于1/3的数量进行力矩和直阻抽查		
9		力矩扳手每次调整后均应由验收人员、厂家人员、施工人员共同检查设置的力矩值是否正确		
10		对于检查工作中发现松动或力矩线偏移的螺栓，使用100%力矩进行复紧，使用酒精擦除原力矩线后重新划线，并再次使用80%力矩检查		
11		对于发生滑丝、跟转等问题的螺栓进行更换		
12		对于不在现场安装的阀组件内部搭接面可不进行复紧，只检查力矩线，但须厂家提供厂内验收报告		
13	主通流回路搭接面直阻测试	正确使用直流电阻测试仪，并设置试验电流不小于100A		
14		将夹子夹在待测搭接面两端，启动仪器后读取测量数据并记录		
15		直流断路器主通流搭接面直阻不大于10μΩ		
16		对于发现有直阻超标的搭接面，应当按照“十步法”进行处理并记录		
17		对于不在现场安装的通流母排不进行直阻复测，但须提供厂内测量报告		

3.6.4 验收记录表格

在工作中对于重要的内容进行专项检查记录并留档保存。直流断路器阀塔主通流回路验收记录表见表3-6-4。

表3-6-4　　直流断路器阀塔主通流回路验收记录表

设备名称	验收项目				验收人
	主通流回路结构和安装情况检查	通流回路外观检查	主通流回路搭接面螺栓力矩复查	主通流回路搭接面直阻测试	
0511D高压直流断路器					
0512D高压直流断路器					
…					

3.6.5 专项检查表格

在工作中对于重要的内容进行专项检查记录并留档保存，专项检查记录表格示例见表 3-6-5。

表 3-6-5　　直流断路器阀塔主通流回路专项检查记录表

直流断路器阀塔主通流回路专项检查记录表			
检查人	×××	检查日期	××××年××月××日

3.6.6 “十步法”处理记录

“十步法”处理记录见表 3-6-6。

表 3-6-6　　“十步法”处理记录

序号	接头位置及名称	检修前直阻			评价	检修处理工艺控制					检修后直阻测量			验收
		检修前直阻	直阻测量人	是否小于 10μΩ	是否需要处理	工艺要求	螺栓规格	力矩标准	力矩是否紧固	作业人	检修后直阻	测量人	直阻是否合格	
1														
2														

3.6.7 检查评价表格

对工作中检查出的问题进行汇总记录，并进行验收评价，留档保存，表格示例见表 3-6-7。

表 3-6-7　　直流断路器阀塔主通流回路检查验收评价表

检查人	×××	检查日期	××××年××月××日
存在问题汇总			

3.7 快速机械开关验收标准作业卡

3.7.1 验收范围说明

本验收标准作业卡适用于换流站高压直流断路器快速机械开关验收工作，验收范围包括：

（1）南瑞继保混合式直流断路器；

（2）许继电气混合式直流断路器；

（3）普瑞工程混合式直流断路器；

（4）北电耦合负压式直流断路器；

（5）思源电气机械式直流断路器。

3.7.2 验收准备工作

各阶段验收工作开展前，运检人员应当提前明确验收的时间、人员、车辆机具、仪器工具、图纸资料等，并至少在验收开展的前一天完成准备工作的确认。快速机械开关验收准备工作表见表3-7-1，快速机械开关验收工器具清单见表3-7-2。

表3-7-1 快速机械开关验收准备工作表

序号	项目	工作内容	实施标准	负责人	备注
1	时间安排	验收工作开展前，应当组织业主、厂家、施工、监理、运检人员现场联合勘查，在各方均认为现场满足验收条件后方可开展	换流阀阀塔安装工作已完成，完成阀塔清理工作		
2	人员安排	（1）如人员、车辆充足可组织多个验收组同时开展工作。 （2）每个验收组建议至少安排验收人员1人、厂家人员1人、施工单位1人、监理1人、平台车专职驾驶员1人（厂家或施工单位人员）。 （3）验收组所有人员均在平台车上和阀塔内开展工作	验收前成立临时专项验收组，组织验收、施工、厂家、监理人员共同开展验收工作		

续表

序号	项目	工作内容	实施标准	负责人	备注
3	车辆工具安排	验收工作开展前，准备好验收所需车辆机具、仪器仪表、工器具、安全防护用品、验收记录材料、相关图纸及相关技术资料	（1）车辆机具、仪器仪表、工器具、安全防护用品应试验合格，满足本次施工的要求。 （2）验收记录材料、相关图纸及相关技术资料齐全并符合现场实际情况		
4	验收交底	根据本次作业内容和性质确定好检修人员，并组织学习本作业卡	要求所有工作人员都明确本次工作的作业内容、进度要求、作业标准及安全注意事项		

表 3-7-2 快速机械开关验收工器具清单

序号	名称	型号	数量	备注
1	阀厅平台车	—	1 辆	
2	连体防尘服	—	每人 1 套	
3	安全带	—	每人 1 套	
4	车辆接地线	—	每辆 1 根	
5	手电筒	—	每人 1 套	
6	塞尺	—	1 个	
7	回路电阻测试仪	—	1 台	

3.7.3 验收检查记录

快速机械开关验收检查记录表见表 3-7-3。

表 3-7-3　　快速机械开关验收检查记录表

序号	验收项目	验收方法及标准	验收结论（√或×）	备注
1	快速机械开关检查	外观正常，表面颜色无异常，无裂纹		
2		套管表面清洁，无裂纹、无损伤		
3		机构箱安装应牢靠，连接部位螺栓应牢固，满足力矩要求，并画标志线		
4		连接母排各个螺丝力矩标示线无位移		
5		外部接线，包括进出线铜排、分合闸触发线以及光纤等设计与要求一致；铜排及线缆螺钉紧固无缺失；光纤接口外观正常，无损伤；光纤紧固无松动		
6		快速机械开关表面及驱动柜内无放电痕迹、螺栓是否松动、储能电容无异常、遮光板功能是否正常、光纤传感器的安装结构是否松动等		
7		快速机械开关分合闸到位偏差符合产品技术要求，缓冲器外观平整、无破损		
8	快速机械开关试验	对单个快速机械开关总回路电阻（包含接触面及导体）进行测试，总回路电阻（包含接触面及导体）不应超过额定值的110%，且应符合产品技术文件规定		
9		直流断路器每台快速机械开关进行不少于3次分闸试验，每次记录分闸至绝缘开距的时间 t_O，应满足 $1.8ms \leqslant t_O \leqslant 2ms$		
10		直流断路器每台快速机械开关进行不少于3次合闸试验，每次记录合闸到位时间 t_C，应满足 $0.65t_N \leqslant t_C \leqslant 1.35t_N$，$t_N$ 为额定合闸到位时间		
11		检测直流断路器每台快速机械开关产品上的实际分闸电压值 $U_{O测}$。 对于南瑞直流断路器，应满足 $(1-0.65\%)U_{ON} \leqslant U_{O测} \leqslant (1+0.65\%)U_{ON}$。对于其他技术路线断路器，应满足 $(1-0.75\%)U_{ON} \leqslant U_{O测} \leqslant (1+0.75\%)U_{ON}$		
12		检测直流断路器每台快速机械开关产品上的实际合闸电压值 $U_{C测}$。 对于南瑞直流断路器，应满足 $(1-0.65\%)U_{CN} \leqslant U_{C测} \leqslant (1+0.65\%)U_{CN}$。对于其他技术路线断路器，应满足 $(1-0.65\%)U_{CN} \leqslant U_{C测} \leqslant (1+0.65\%)U_{CN}$		
13		检测快速机械开关储能电容容值 C_B，应满足 $C_{BN} \leqslant C_B \leqslant (1+3\%)C_{BN}$，$C_{BN}$ 为储能电容值的额定值		

3.7.4 验收记录表格

在工作中对于重要的内容进行专项检查记录并留档保存。直流断路器快速机械开关验收记录表见表 3-7-4。

表 3-7-4　　直流断路器快速机械开关验收记录表

设备名称	验收项目		验收人
	快速机械开关检查	快速机械开关试验	
0511D 高压直流断路器			
0512D 高压直流断路器			
…			

3.7.5　检查评价表格

对工作中检查出的问题进行汇总记录，并进行验收评价，留档保存，表格示例见表 3-7-5。

表 3-7-5　　快速机械开关验收评价表

检查人	×××	检查日期	XX 年××月××日
存在问题汇总			

3.8　功率开关组部件验收标准作业卡

3.8.1　验收范围说明

本验收标准作业卡适用于换流站高压直流断路器功率开关组部件验收工作，验收范围包括：

（1）南瑞继保混合式直流断路器；

（2）许继电气混合式直流断路器；

（3）普瑞工程混合式直流断路器；

（4）北电耦合负压式直流断路器；

（5）思源电气机械式直流断路器。

3.8.2 验收准备工作

各阶段验收工作开展前，运检人员应当提前明确验收的时间、人员、车辆机具、仪器工具、图纸资料等，并至少在验收开展的前一天完成准备工作的确认。功率开关组部件验收准备工作表见表 3-8-1，功率开关组件验收工器具清单见表 3-8-2。

表 3-8-1 功率开关组部件验收准备工作表

序号	项目	工作内容	实施标准	负责人	备注
1	时间安排	验收工作开展前，应当组织业主、厂家、施工、监理、运检人员现场联合勘查，在各方均认为现场满足验收条件后方可开展	直流断路器阀塔安装工作已完成，完成阀塔清理工作		
2	人员安排	（1）如人员、车辆充足可组织多个验收组同时开展工作。 （2）每个验收组建议至少安排验收人员 1 人、厂家人员 1 人、施工单位 1 人、监理 1 人、平台车专职驾驶员 1 人（厂家或施工单位人员）。 （3）验收组所有人员均在平台车上和阀塔内开展工作	验收前成立临时专项验收组，组织验收、施工、厂家、监理人员共同开展验收工作		
3	车辆工具安排	验收工作开展前，准备好验收所需车辆机具、仪器仪表、工器具、安全防护用品、验收记录材料、相关图纸及相关技术资料	（1）车辆机具、仪器仪表、工器具、安全防护用品应试验合格，满足本次施工的要求。 （2）验收记录材料、相关图纸及相关技术资料齐全并符合现场实际情况		
4	验收交底	根据本次作业内容和性质确定好检修人员，并组织学习本作业卡	要求所有工作人员都明确本次工作的作业内容、进度要求、作业标准及安全注意事项		

表 3-8-2 功率开关组件验收工器具清单

序号	名称	型号	数量	备注
1	阀厅平台车	—	1 辆	
2	连体防尘服	—	每人 1 套	
3	安全带	—	每人 1 套	

续表

序号	名称	型号	数量	备注
4	车辆接地线	—	每辆1根	
5	手电筒	—	每人1套	
6	功率开关功能测试仪	—	1台	

3.8.3 验收检查记录

功率开关组件验收检查记录表见表3-8-3。

表3-8-3 功率开关组件验收检查记录表

序号	验收项目	验收方法及标准	验收结论（√或×）	备注
1	功率开关组件检查	试品结构安装正确，连接力矩等符合工艺要求，力矩线清晰		
2		各元件表面完好，无磕碰、无划伤		
3		压紧力矩正确，与散热器接触良好		
4		承担绝缘的部件表面应无损伤、电蚀和污秽		
5	功率开关组件试验	上电后，中控板通信正常，各状态信号正确上送，后台无异常告警信号		
6		触发电力电子器件开通/关断，后台状态回报正常，无异常告警信号		
7		上电后触发主支路电力电子器件旁路开关动作，后台旁路开关位置信息正常，无异常告警信号		

3.8.4 验收记录表格

在工作中对于重要的内容进行专项检查记录并留档保存。直流断路器功率开关组件验收记录表见表3-8-4。

3.8.5 检查评价表格

对工作中检查出的问题进行汇总记录，并进行验收评价，留档保存，表格示例见表3-8-5。

表 3-8-4　　直流断路器功率开关组件验收记录表

设备名称	验收项目		验收人
	功率开关组件检查	功率开关组件试验	
0511D 高压直流断路器			
0512D 高压直流断路器			
…			

表 3-8-5　　功率开关组件验收评价表

检查人	×××	检查日期	××××年××月××日
存在问题汇总			

3.9　耗能支路 MOV 验收标准作业卡

3.9.1　验收范围说明

本验收标准作业卡适用于换流站高压直流断路器耗能支路 MOV 验收工作，验收范围包括：

（1）南瑞继保混合式直流断路器；

（2）许继电气混合式直流断路器；

（3）普瑞工程混合式直流断路器；

（4）北电耦合负压式直流断路器；

（5）思源电气机械式直流断路器。

3.9.2　验收准备工作

各阶段验收工作开展前，运检人员应当提前明确验收的时间、人员、车辆机具、仪器工具、图纸资料等，并至少在验收开展的前一天完成准备工作的确认。耗能支路 MOV 验收准备工作表见表 3-9-1，耗能支路 MOV 验收工器具清单见表 3-9-2。

表 3-9-1　　耗能支路 MOV 验收准备工作表

序号	项目	工作内容	实施标准	负责人	备注
1	时间安排	验收工作开展前，应当组织业主、厂家、施工、监理、运检人员现场联合勘查，在各方均认为现场满足验收条件后方可开展	直流断路器阀塔安装工作已完成，完成阀塔清理工作		
2	人员安排	（1）如人员、车辆充足可组织多个验收组同时开展工作。 （2）每个验收组建议至少安排验收人员 1 人、厂家人员 1 人、施工单位 1 人、监理 1 人、平台车专职驾驶员 1 人（厂家或施工单位人员）。 （3）验收组所有人员均在平台车上和阀塔内开展工作	验收前成立临时专项验收组，组织验收、施工、厂家、监理人员共同开展验收工作		
3	车辆工具安排	验收工作开展前，准备好验收所需车辆机具、仪器仪表、工器具、安全防护用品、验收记录材料、相关图纸及相关技术资料	（1）车辆机具、仪器仪表、工器具、安全防护用品应试验合格，满足本次施工的要求。 （2）验收记录材料、相关图纸及相关技术资料齐全并符合现场实际情况		
4	验收交底	根据本次作业内容和性质确定好检修人员，并组织学习本作业卡	要求所有工作人员都明确本次工作的作业内容、进度要求、作业标准及安全注意事项		

表 3-9-2　　耗能支路 MOV 验收工器具清单

序号	名称	型号	数量	备注
1	阀厅平台车	—	1 辆	
2	连体防尘服	—	每人 1 套	
3	安全带	—	每人 1 套	
4	车辆接地线	—	每辆 1 根	
5	手电筒	—	每人 1 套	
6	绝缘电阻测试仪	—	1 台	

3.9.3 验收检查记录

耗能支路 MOV 验收检查记录表见表 3-9-3。

表 3-9-3　耗能支路 MOV 验收检查记录表

序号	验收项目	验收方法及标准	验收结论（√或×）	备注
1	耗能支路 MOV 检查	MOV 结构安装正确，连接力矩等符合工艺要求，力矩线清晰		
2		MOV 清洁无杂物，无放电、闪络痕迹，无裂纹和破损		
3		连接螺栓紧固无松动，各螺栓受力均匀		
4	耗能支路 MOV 试验	每一层避雷器分别进行绝缘电阻测试，使用绝缘电阻测试仪，在避雷器两端施加电压，测量绝缘电阻，每层避雷器绝缘电阻测量值不应低于 350MΩ		

3.9.4 验收记录表格

在工作中对于重要的内容进行专项检查记录并留档保存。直流断路器耗能支路 MOV 验收记录表见表 3-9-4。

表 3-9-4　直流断路器耗能支路 MOV 验收记录表

设备名称	验收项目		验收人
	耗能支路 MOV 检查	耗能支路 MOV 试验	
0511D 高压直流断路器			
0512D 高压直流断路器			
…			

3.9.5 检查评价表格

对工作中检查出的问题进行汇总记录，并进行验收评价，留档保存，表格示例见表 3-9-5。

表 3-9-5　　耗能支路 MOV 验收评价表

检查人	×××	检查日期	××××年××月××日
存在问题汇总			

3.10 供能变压器验收标准作业卡

3.10.1 验收范围说明

本验收标准作业卡适用于换流站高压直流断路器供能变压器验收工作，验收范围包括：

（1）南瑞继保混合式直流断路器；

（2）许继电气混合式直流断路器；

（3）普瑞工程混合式直流断路器；

（4）北电耦合负压式直流断路器；

（5）思源电气机械式直流断路器。

3.10.2 验收准备工作

各阶段验收工作开展前，运检人员应当提前明确验收的时间、人员、车辆机具、仪器工具、图纸资料等，并至少在验收开展的前一天完成准备工作的确认。供能变压器验收准备工作表见表 3-10-1，供能变压器验收工器具清单见表 3-10-2。

表 3-10-1　　供能变压器验收准备工作表

序号	项目	工作内容	实施标准	负责人	备注
1	时间安排	验收工作开展前，应当组织业主、厂家、施工、监理、运检人员现场联合勘查，在各方均认为现场满足验收条件后方可开展	直流断路器阀塔安装工作已完成，完成阀塔清理工作		
2	人员安排	（1）如人员、车辆充足可组织多个验收组同时开展工作。 （2）每个验收组建议至少安排验收人员 1 人、厂家人员 1 人、施工单位 1 人、监理 1 人、平台车专职驾驶员 1 人（厂家或施工单位人员）。 （3）验收组所有人员均在平台车上和阀塔内开展工作	验收前成立临时专项验收组，组织验收、施工、厂家、监理人员共同开展验收工作		

续表

序号	项目	工作内容	实施标准	负责人	备注
3	车辆工具安排	验收工作开展前，准备好验收所需车辆机具、仪器仪表、工器具、安全防护用品、验收记录材料、相关图纸及相关技术资料	（1）车辆机具、仪器仪表、工器具、安全防护用品应试验合格，满足本次施工的要求。 （2）验收记录材料、相关图纸及相关技术资料齐全并符合现场实际情况		
4	验收交底	根据本次作业内容和性质确定好检修人员，并组织学习本作业卡	要求所有工作人员都明确本次工作的作业内容、进度要求、作业标准及安全注意事项		

表 3-10-2　　供能变压器验收工器具清单

序号	名称	型号	数量	备注
1	阀厅平台车	—	1 辆	
2	连体防尘服	—	每人 1 套	
3	安全带	—	每人 1 套	
4	车辆接地线	—	每辆 1 根	
5	手电筒	—	每人 1 套	
6	扳手	—	1 套	
7	露点仪	—	1 套	
8	变比测试仪	—	1 套	
9	直阻测试仪	—	1 套	
10	短路阻抗测试仪	—	1 套	
11	检漏仪	—	1 套	

3.10.3　验收检查记录

供能变压器验收检查记录表见表 3-10-3。

表 3-10-3　　供能变压器验收检查记录表

序号	验收项目	验收方法及标准	验收结论（√或×）	备注
1	供能变压器检查	供能变压器表面整洁，无磕碰、无划伤、无磨损		
2		伞裙表面无裂痕、缺损，无闪络痕迹		
3		固定螺栓无松动，力矩线清晰		
4		SF_6 气体绝缘的变压器压力表指示正常，并与后台显示的压力值（如有）进行对比，二者偏差不应超过额定压力的±5%		
5	供能变压器试验	对主供能变压器、层间供能变压器进行一次侧绕组和二次侧绕组的直阻测量（对于多级串联的主变压器，对顶层绕组的直阻进行测量），测量值与同温度下的出厂试验数据进行对比，变化不超过±5%		
6		对主供能变压器、层间供能变压器进行变比测试，测量值与设计值的偏差不应超过设计值的±5%		
7		对主供能变压器现场开展直流额定电压耐压试验，试验无异常		
8		在低电压下对主供能变压器、层间供能变进行短路阻抗测试，测量值与设计值的偏差不超过设计值的±5%		
9		对于充 SF_6 气体的供能变压器，应从本体表计侧逐一开展“三取二”“二取一”“一取一”逻辑验证		
10		对于充 SF_6 气体的供能变压器，用露点仪进行含水量测量，记录含水量测量结果及换算至20℃的值和环境温度，折算至20℃时含水量小于或等于250μL/L		
11		对于充 SF_6 气体的供能变压器，检验变压器四周是否漏气，重点检验变压器元器件及变压器自身的安装附件，包括出线孔、压力表连接处、焊缝、充气孔、所有端板、法兰连接处等。检查变压器套管硅橡胶四周是否有明显的异常凸起或裂痕		

3.10.4　验收记录表格

在工作中对于重要的内容进行专项检查记录并留档保存。直流断路器供能变压器验收记录表见表 3-10-4。

3.10.5　检查评价表格

对工作中检查出的问题进行汇总记录，并进行验收评价，留档保存，表格示例见表 3-10-5。

表 3-10-4　　直流断路器供能变压器验收记录表

设备名称	验收项目		验收人
	供能变压器检查	供能变压器试验	
0511D 高压直流断路器			
0512D 高压直流断路器			
…			

表 3-10-5　　供能变压器验收评价表

检查人	×××	检查日期	××××年××月××日
存在问题汇总			

3.11　UPS 及低压开关柜验收标准作业卡

3.11.1　验收范围说明

本验收标准作业卡适用于换流站高压直流断路器 UPS 及低压开关柜验收工作，验收范围包括：

（1）南瑞继保混合式直流断路器；

（2）许继电气混合式直流断路器；

（3）普瑞工程混合式直流断路器；

（4）北电耦合负压式直流断路器；

（5）思源电气机械式直流断路器。

3.11.2　验收准备工作

各阶段验收工作开展前，运检人员应当提前明确验收的时间、人员、车辆机具、仪器工具、图纸资料等，并至少在验收开展的前一天完成准备工作的确认。UPS 及低压开关柜验收准备工作表见表 3-11-1，UPS 及低压开关柜验收工器具清单见表 3-11-2。

表 3-11-1　　　　UPS 及低压开关柜验收准备工作表

序号	项目	工作内容	实施标准	负责人	备注
1	时间安排	验收工作开展前，应当组织业主、厂家、施工、监理、运检人员现场联合勘查，在各方均认为现场满足验收条件后方可开展	直流断路器阀塔安装工作已完成，完成阀塔清理工作		
2	人员安排	（1）如人员充足可组织多个验收组同时开展工作。 （2）每个验收组建议至少安排验收人员 1 人、厂家人员 1 人、施工单位 1 人、监理 1 人	验收前成立临时专项验收组，组织验收、施工、厂家、监理人员共同开展验收工作		
3	车辆工具安排	验收工作开展前，准备好验收所需仪器仪表、工器具、安全防护用品、验收记录材料、相关图纸及相关技术资料	（1）仪器仪表、工器具、安全防护用品应试验合格，满足本次施工的要求。 （2）验收记录材料、相关图纸及相关技术资料齐全并符合现场实际情况		
4	验收交底	根据本次作业内容和性质确定好检修人员，并组织学习本作业卡	要求所有工作人员都明确本次工作的作业内容、进度要求、作业标准及安全注意事项		

表 3-11-2　　　　UPS 及低压开关柜验收工器具清单

序号	名称	型号	数量	备注
1	手电筒	—	每人 1 套	
2	绝缘电阻表	—	1 套	
3	红外测温仪	—	1 套	
4	示波器	—	1 套	
5	回路电阻测试仪	—	1 套	

3.11.3　验收检查记录

UPS 及低压开关柜验收检查记录表见表 3-11-3。

表 3-11-3　　UPS 及低压开关柜验收检查记录表

序号	验收项目	验收方法及标准	验收结论（√或×）	备注
1	UPS 及低压开关柜检查	电气指示灯颜色符合设计要求，亮度满足要求		
2		输出电压、电流正常，装置面板指示正常，无电压、绝缘异常告警		
3		UPS 及低压开关柜端子排接线连接紧固、无松动		
4		UPS 散热风道无堵塞，风扇运行正常		
5		SF_6 气体绝缘的变压器压力表指示正常，并与后台显示的压力值（如有）进行对比，二者偏差不应超过额定压力的±5%		
6	UPS 及低压开关柜试验	对开关柜主回路电阻试验，采用电流不小于 100A 的直流压降法，测量值不大于厂家规定值，并与出厂值进行对比，不得超过 120%出厂值		
7		有并机功能的 UPS 在额定负载电流的 50%～100%范围内，其均流不平衡度不应超过±3%		
8		UPS 正常带载输出情况下，使用红外测温仪或点温枪测量干式变压器温度，温度不超过设计值		
9		检查 UPS 切换旁路功能，UPS 应能在规定时间内正常切换旁路，不产生导致输出中断的情况		
10		试验与直流断路器监控系统通信接口连接正常，设备运行状况、异常报警、负荷切换及电源切换等遥测、遥信信息能正确传输至监控系统中		

3.11.4　验收记录表格

在工作中对于重要的内容进行专项检查记录并留档保存。直流断路器 UPS 及低压开关柜验收记录表见表 3-11-4。

表 3-11-4　　直流断路器 UPS 及低压开关柜验收记录表

设备名称	验收项目		验收人
	UPS 及低压开关柜检查	UPS 及低压开关柜试验	
0511D 高压直流断路器			
0512D 高压直流断路器			
…			

3.11.5 检查评价表格

对工作中检查出的问题进行汇总记录，并进行验收评价，留档保存，表格示例见表 3-11-5。

表 3-11-5　　UPS 及低压开关柜验收评价表

检查人	×××	检查日期	××××年××月××日
存在问题汇总			

3.12 电流测量装置验收标准作业卡

3.12.1 验收范围说明

本验收标准作业卡适用于换流站高压直流断路器电流测量装置验收工作，验收范围包括：

（1）南瑞继保混合式直流断路器；

（2）许继电气混合式直流断路器；

（3）普瑞工程混合式直流断路器；

（4）北电耦合负压式直流断路器；

（5）思源电气机械式直流断路器。

3.12.2 验收准备工作

各阶段验收工作开展前，运检人员应当提前明确验收的时间、人员、车辆机具、仪器工具、图纸资料等，并至少在验收开展的前一天完成准备工作的确认。电流测量装置验收准备工作表见表 3-12-1，电流测量装置验收工器具清单见表 3-12-2。

表 3-12-1　　电流测量装置验收准备工作表

序号	项目	工作内容	实施标准	负责人	备注
1	时间安排	验收工作开展前，应当组织业主、厂家、施工、监理、运检人员现场联合勘查，在各方均认为现场满足验收条件后方可开展	换流阀阀塔安装工作已完成，完成阀塔清理工作		

续表

序号	项目	工作内容	实施标准	负责人	备注
2	人员安排	（1）如人员、车辆充足可组织多个验收组同时开展工作。 （2）每个验收组建议至少安排验收人员1人、厂家人员1人、施工单位1人、监理1人、平台车专职驾驶员1人（厂家或施工单位人员）。 （3）验收组所有人员均在平台车上和阀塔内开展工作	验收前成立临时专项验收组，组织验收、施工、厂家、监理人员共同开展验收工作		
3	车辆工具安排	验收工作开展前，准备好验收所需车辆机具、仪器仪表、工器具、安全防护用品、验收记录材料、相关图纸及相关技术资料	（1）车辆机具、仪器仪表、工器具、安全防护用品应试验合格，满足本次施工的要求。 （2）验收记录材料、相关图纸及相关技术资料齐全并符合现场实际情况		
4	验收交底	根据本次作业内容和性质确定好检修人员，并组织学习本作业卡	要求所有工作人员都明确本次工作的作业内容、进度要求、作业标准及安全注意事项		

表 3-12-2　　电流测量装置验收工器具清单

序号	名称	型号	数量	备注
1	阀厅平台车	—	1辆	
2	连体防尘服	—	每人1套	
3	安全带	—	每人1套	
4	车辆接地线	—	每辆1根	
5	手电筒	—	每人1套	
6	电流源测试仪	—	1台	

3.12.3　验收检查记录

电流测量装置验收检查记录表见表3-12-3。

表 3-12-3　　电流测量装置验收检查记录表

序号	验收项目	验收方法及标准	验收结论（√或×）	备注
1	电流测量装置检查	电流测量装置表面整洁，无磕碰、无划伤、无磨损		
2		光纤固定及连接可靠，无破损、变形		
3		固定螺栓无松动，力矩线清晰		
4		监控后台中光强水平、LED 驱动电流、谐波电流、调制器驱动电压等光参数在运行正常范围，无异常变化		
5	电流测量装置试验	一次侧注入电流（不小于 10%的额定电流或按设计要求），检查控制保护二次侧电流，应符合设计要求		

3.12.4　验收记录表格

在工作中对于重要的内容进行专项检查记录并留档保存。直流断路器电流测量装置验收记录表见表 3-12-4。

表 3-12-4　　直流断路器电流测量装置验收记录表

设备名称	验收项目		验收人
	电流测量装置检查	电流测量装置试验	
0511D 高压直流断路器			
0512D 高压直流断路器			
…			

3.12.5　检查评价表格

对工作中检查出的问题进行汇总记录，并进行验收评价，留档保存。电流测量装置验收评价表见表 3-12-5。

表 3-12-5　　电流测量装置验收评价表

检查人	×××	检查日期	××××年××月××日
存在问题汇总			

3.13 电容器验收标准作业卡

3.13.1 验收范围说明

本验收标准作业卡适用于换流站高压直流断路器电容器验收工作，验收范围包括：

（1）北电耦合负压式直流断路器；

（2）思源电气机械式直流断路器。

3.13.2 验收准备工作

各阶段验收工作开展前，运检人员应当提前明确验收的时间、人员、车辆机具、仪器工具、图纸资料等，并至少在验收开展的前一天完成准备工作的确认。电容器验收准备工作表见表3-13-1，电容器验收工器具清单见表3-13-2。

表3-13-1 电容器验收准备工作表

序号	项目	工作内容	实施标准	负责人	备注
1	时间安排	验收工作开展前，应当组织业主、厂家、施工、监理、运检人员现场联合勘查，在各方均认为现场满足验收条件后方可开展	换流阀阀塔安装工作已完成，完成阀塔清理工作		
2	人员安排	（1）如人员、车辆充足可组织多个验收组同时开展工作。 （2）每个验收组建议至少安排验收人员1人、厂家人员1人、施工单位1人、监理1人、平台车专职驾驶员1人（厂家或施工单位人员）。 （3）验收组所有人员均在平台车上和阀塔内开展工作	验收前成立临时专项验收组，组织验收、施工、厂家、监理人员共同开展验收工作		
3	车辆工具安排	验收工作开展前，准备好验收所需车辆机具、仪器仪表、工器具、安全防护用品、验收记录材料、相关图纸及相关技术资料	（1）车辆机具、仪器仪表、工器具、安全防护用品应试验合格，满足本次施工的要求。 （2）验收记录材料、相关图纸及相关技术资料齐全并符合现场实际情况		
4	验收交底	根据本次作业内容和性质确定好检修人员，并组织学习本作业卡	要求所有工作人员都明确本次工作的作业内容、进度要求、作业标准及安全注意事项		

表 3-13-2　　电容器验收工器具清单

序号	名称	型号	数量	备注
1	阀厅平台车	—	1辆	
2	连体防尘服	—	每人1套	
3	安全带	—	每人1套	
4	车辆接地线	—	每辆1根	
5	手电筒	—	每人1套	
6	LCR电桥	—	1套	

3.13.3 验收检查记录

电容器验收检查记录表见表3-13-3。

表 3-13-3　　电容器验收检查记录表

序号	验收项目	验收方法及标准	验收结论（√或×）	备注
1	电容器检查	外观正常，无鼓包、变色或损坏，金属部分无锈蚀		
2		接线正确，固定牢固、无松动		
3		接线柱表面无破裂、无明显划伤及凹痕		
4	电容器试验	使用LCR电桥测量电容器容值，电容值与出厂值的偏差不超过大于±5%		

3.13.4 验收记录表格

在工作中对于重要的内容进行专项检查记录并留档保存。直流断路器电容器验收记录表见表3-13-4。

表 3-13-4 **直流断路器电容器验收记录表**

设备名称	验收项目		验收人
	电容器检查	电容器试验	
0511D 高压直流断路器			
0512D 高压直流断路器			
……			

3.13.5 检查评价表格

对工作中检查出的问题进行汇总记录，并进行验收评价，留档保存。电流测量装置验收评价表见表 3-13-5。

表 3-13-5 **电 容 器 验 收 评 价 表**

检查人	×××	检查日期	××××年××月××日
存在问题汇总			

3.14 电抗器验收标准作业卡

3.14.1 验收范围说明

本验收标准作业卡适用于换流站高压直流断路器电抗器验收工作，验收范围包括：

（1）北电耦合负压式直流断路器；

（2）思源电气机械式直流断路器。

3.14.2 验收准备工作

各阶段验收工作开展前，运检人员应当提前明确验收的时间、人员、车辆机具、仪器工具、图纸资料等，并至少在验收开展的前一天完成准备工作的确认。电抗器验收准备工作表见表 3-14-1，电抗器验收工器具清单见表 3-14-2。

表 3-14-1　　　　电抗器验收准备工作表

序号	项目	工作内容	实施标准	负责人	备注
1	时间安排	验收工作开展前，应当组织业主、厂家、施工、监理、运检人员现场联合勘查，在各方均认为现场满足验收条件后方可开展	换流阀阀塔安装工作已完成，完成阀塔清理工作		
2	人员安排	（1）如人员、车辆充足可组织多个验收组同时开展工作。 （2）每个验收组建议至少安排验收人员1人、厂家人员1人、施工单位1人、监理1人、平台车专职驾驶员1人（厂家或施工单位人员）。 （3）验收组所有人员均在平台车上和阀塔内开展工作	验收前成立临时专项验收组，组织验收、施工、厂家、监理人员共同开展验收工作		
3	车辆工具安排	验收工作开展前，准备好验收所需车辆机具、仪器仪表、工器具、安全防护用品、验收记录材料、相关图纸及相关技术资料	（1）车辆机具、仪器仪表、工器具、安全防护用品应试验合格，满足本次施工的要求。 （2）验收记录材料、相关图纸及相关技术资料齐全并符合现场实际情况		
4	验收交底	根据本次作业内容和性质确定好检修人员，并组织学习本作业卡	要求所有工作人员都明确本次工作的作业内容、进度要求、作业标准及安全注意事项		

表 3-14-2　　　　电抗器验收工器具清单

序号	名称	型号	数量	备注
1	阀厅平台车	—	1辆	
2	连体防尘服	—	每人1套	
3	安全带	—	每人1套	
4	车辆接地线	—	每辆1根	
5	手电筒	—	每人1套	
6	LCR电桥	—	1套	

3.14.3 验收检查记录

电抗器验收检查记录表见表 3-14-3。

表 3-14-3　　　　电抗器验收检查记录表

序号	验收项目	验收方法及标准	验收结论（√或×）	备注
1	电抗器检查	外观光洁、无划伤及凹痕，标识清晰牢固、内容完整		
2		外包封表面清洁、无裂纹，无爬电痕迹，无涂层脱落现		
3		无异常放电现象，内部无异物		
4	电抗器试验	使用 LCR 电桥测量电抗器感值，电感值与出厂值的偏差不超过±3%		

3.14.4 验收记录表格

在工作中对于重要的内容进行专项检查记录并留档保存。直流断路器电抗器验收记录表见表 3-14-4。

表 3-14-4　　　　直流断路器电抗器验收记录表

设备名称	验收项目		验收人
	电抗器检查	电抗器试验	
0511D 高压直流断路器			
0512D 高压直流断路器			
……			

3.14.5 检查评价表格

对工作中检查出的问题进行汇总记录，并进行验收评价，留档保存。电抗器验收评价表见表 3-14-5。

表 3-14-5　　电抗器验收评价表

检查人	×××	检查日期	××××年××月××日
存在问题汇总			

3.15 直流断路器阀塔水管检查验收标准作业卡

3.15.1 验收范围说明

本验收标准作业卡适用于换流站直流断路器阀塔水管检查验收交接验收工作，验收范围包括：

（1）南瑞继保混合式直流断路器；

（2）许继电气混合式直流断路器；

（3）普瑞工程混合式直流断路器。

3.15.2 验收准备工作

各阶段验收工作开展前，运检人员应当提前明确验收的时间、人员、车辆机具、仪器工具、图纸资料等，并至少在验收开展的前一天完成准备工作的确认。直流断路器阀塔水管检查验收准备工作表见表 3-15-1，阀塔水管检查验收工器具清单见表 3-15-2。

表 3-15-1　　直流断路器阀塔水管检查验收准备工作表

序号	项目	工作内容	实施标准	负责人	备注
1	时间安排	验收工作开展前，应当组织业主、厂家、施工、监理、运检人员现场联合勘查，在各方均认为现场满足验收条件后方可开展	直流断路器阀塔安装工作已完成，完成阀塔清理工作		
2	人员安排	（1）如人员、车辆充足可组织多个验收组同时开展工作。 （2）每个验收组建议至少安排运检人员 1 人、厂家人员 1 人、施工单位 1 人、监理 1 人、平台车专职驾驶员 1 人（厂家或施工单位人员）。 （3）验收组所有人员均在阀厅平台车上和阀塔内开展工作。 （4）水管接头力矩检查工作建议由施工人员和厂家配合进行，运检、监理监督见证并记录数据	验收前成立临时专项验收组，组织运检、施工、厂家、监理人员共同开展验收工作		

续表

序号	项目	工作内容	实施标准	负责人	备注
3	车辆工具安排	验收工作开展前，准备好验收所需车辆机具、仪器仪表、工器具、安全防护用品、验收记录材料、相关图纸及相关技术资料	（1）车辆机具、仪器仪表、工器具、安全防护用品应试验合格，满足本次施工的要求。 （2）验收记录材料、相关图纸及相关技术资料齐全并符合现场实际情况		
4	验收交底	根据本次作业内容和性质确定好检修人员，并组织学习本作业卡	要求所有工作人员都明确本次工作的作业内容、进度要求、作业标准及安全注意事项		

表 3-15-2　　阀塔水管检查验收工器具清单

序号	名称	型号	数量	备注
1	阀厅平台车	—	1辆	
2	连体防尘服	—	每人1套	
3	安全带	—	每人1套	
4	车辆接地线	—	1根	
5	水管专用力矩扳手	满足力矩检查要求	1套	
6	水管专用棘轮扳手	—	1套	
7	签字笔	红色、黑色	1套	
8	无水乙醇	—	1瓶	
9	百洁布	—	1套	

3.15.3　验收检查记录表

阀塔水管检查验收检查记录表见表 3-15-3。

表 3-15-3　　阀塔水管检查验收检查记录表

序号	验收项目	验收方法及标准	备注
1	水管结构和安装情况检查	核对水管材质、接头结构、力矩要求等与设计文件一致，水管接头具有防松动措施（金属结构防松动措施包括使用弹片、叠帽、平弹一体垫片、防松螺栓等方式，PVDF 接头可利用材料本身弹性防松）	
2		水管路材质应优先选用 PVDF 材料，阀塔主水管连接应选用法兰连接，选用性能优良的密封垫圈，接头选型应恰当	
3		水管布置应合理，固定应牢靠，避免与其他水管或物体直接接触，或运行过程中受振动作用发生接触，导致水管磨损漏水	
4		工程直流断路器分支水管的连接宜选用螺纹方式，避免使用双头螺柱	
5		检查安装阶段紧固后应进行的档案和记录；阀厅内所有水管连接接头应建立档案，逐个接头明确力矩值、检查方法、紧固方法并建立档案	
6		检查水管结构是否满足反措和事故案例排查的要求	
7	水管及接头检查	水管固定可靠、无接触摩擦现象，如有应采取包护、移位固定处理	
8		检查水管外观正常，焊缝处无砂眼、裂缝	
9		检查水管力矩线正常、规范，密封垫安装平整无偏移	
10		水管接头熔接到位，厚度均匀，无气孔、鼓泡和裂缝，无异常振动	
11		厂家应提供各阀段出厂水压报告	
12	均压电极检查	均压电极安装固定可靠、无松动、无渗漏，等电位线连接正确、可靠	
13		均压电极的选材、设计应满足安装结构简单、方向布置能避免密封圈腐蚀的要求，采用纯铂或不锈钢材质。电极应满足长期运行过程中不发生严重腐蚀、断裂等问题，安装前应提供使用寿命和材质检测报告	
14	水管接头力矩复查	直流投运前由专业人员对水管及接头再次进行二次复检，接头检查对于不锈钢螺栓使用 80%力矩、对于 PVDF 螺栓使用 60%标准力矩进行复查，根据规范要求对不少于 30%的数量的接头进行力矩复查	
15		力矩扳手每次调整后均应由运检人员、厂家人员、施工人员共同检查设置的力矩值是否正确	
16		应加强水管接头的验收，确认每个水管接头按力矩要求紧固，对螺栓位置做好标记，并建立水管接头档案，做好记录	
17		对于检查工作中发现松动或力矩线偏移的螺栓，使用 100%力矩进行复紧，使用酒精擦除原力矩线后重新划线，并再次进行力矩检查	
18	水管阀门检查	检查直流断路器阀塔进出水阀门、排气阀门、排水阀门连接牢固，无渗漏水	

3.15.4 验收记录表格

在工作中对于重要的内容进行专项检查记录并留档保存。直流断路器阀塔水管检查验收记录表见表 3-15-4。

表 3-15-4　　直流断路器阀塔水管检查验收记录表

设备名称	验收项目					验收人
	水管结构和安装情况检查	水管及接头检查	均压电极检查	水管接头力矩复查	水管阀门检查	
0511D 高压直流断路器						
0512D 高压直流断路器						
……						

3.15.5 专项检查表格

在工作中对于重要的内容进行专项检查记录并留档保存。直流断路器阀塔水管接头专项检查表见表 3-15-5。

表 3-15-5　　直流断路器阀塔水管接头专项检查表

检查人	×××	检查日期	××××年××月××日
……			

3.15.6 “十要点”检查记录

“十要点”检查记录见表 3-15-6。

表 3-15-6　　“十要点”检查记录

序号	接头编号	是否完成擦拭	外观检查		力矩检查（50%～60%）			处理情况
			标记线无偏移	无渗漏	标准力矩（Nm）	抽查力矩（Nm）	力矩是否紧固	
1	……							
2								

3.15.7 检查评价表格

对工作中检查出的问题进行汇总记录，并进行验收评价，留档保存。直流断路器阀塔水管检查验收评价表见表 3-15-7。

表 3-15-7　　直流断路器阀塔水管检查验收评价表

检查人	×××	检查日期	××××年××月××日
存在问题汇总			

3.16 漏水检测装置验收标准作业卡

3.16.1 验收范围说明

本验收标准作业卡适用于换流站直流断路器漏水检测装置验收交接验收工作，验收范围包括：

（1）南瑞继保混合式直流断路器；

（2）许继电气混合式直流断路器；

（3）普瑞工程混合式直流断路器。

3.16.2 验收准备工作

各阶段验收工作开展前，运检人员应当提前明确验收的时间、人员、车辆机具、仪器工具、图纸资料等，并至少在验收开展的前一天完成准备工作的确认。漏水检测装置验收准备工作表见表 3-16-1，漏水检测装置验收工器具清单见表 3-16-2。

表 3-16-1　　漏水检测装置验收准备工作表

序号	项目	工作内容	实施标准	负责人	备注
1	时间安排	验收工作开展前，应当组织业主、厂家、施工、监理、运检人员现场联合勘查，在各方均认为现场满足验收条件后方可开展	直流断路器阀塔塔上工作全部完成、阀控屏柜安装工作已完成		

续表

序号	项目	工作内容	实施标准	负责人	备注
2	人员安排	每个验收组建议至少安排阀塔漏水监测装置处运检人员1人、厂家人员1人；监控后台运检人员1人、厂家人员1人、监理1人。监控后台与阀塔人员间通过对讲机沟通	验收前成立临时专项验收组，组织运检、施工、厂家、监理人员共同开展验收工作		
3	验收交底	根据本次作业内容和性质确定好验收人员，并组织学习本作业卡	要求所有工作人员都明确本次工作的作业内容、进度要求、作业标准及安全注意事项		

表 3-16-2　　漏水检测装置验收工器具清单

序号	名称	型号	数量	备注
1	阀厅平台车	—	1辆	
2	连体防尘服	—	每人1套	
3	安全带	—	每人1套	
4	车辆接地线	—	1根	
5	水桶	—	1个	
6	抹布	—	1块	
7	对讲机	—	2台	

3.16.3　验收检查记录表

漏水检测装置验收检查记录表见表3-16-3。

表 3-16-3　　漏水检测装置验收检查记录表

序号	验收项目	验收方法及标准	备注
1	漏水检测装置检查	滴水盘坡度合理，外观正常、无破损、异物	
2		漏水检测装置外观正常、无破损、异物	

续表

序号	验收项目	验收方法及标准	备注
3	漏水检测装置倒水测试	用水桶接满水，并倒入漏水检测装置中，检查后台漏水检测装置是否发生报警，停止倒水后是否正常复归	
4		分别模拟漏水检测轻微漏水和严重漏水，检查后台是否能正确报出报文	
5		直流断路器阀塔漏水检测装置动作宜投报警，不投直流断路器禁分禁合或失灵	
6	漏水检测装置故障检测功能验证	拔下漏水检测装置光纤，检查后台是否有装置故障报文	
7		拔下漏水检测严重漏水光纤或用其他方式直接模拟严重漏水（有严重漏水信号、无轻微漏水信号），查看后台是否有装置故障报文	

3.16.4 验收记录表格

在工作中对于重要的内容进行专项检查记录并留档保存。漏水检测装置验收记录表见表 3-16-4。

表 3-16-4　　漏水检测装置验收记录表

设备名称	验收项目			验收人
	漏水检测装置检查	漏水检测装置倒水测试	漏水检测装置故障检测功能验证	
0511D 高压直流断路器				
0511D 高压直流断路器				

3.16.5 专项检查表格

在工作中对于重要的内容进行专项检查记录并留档保存。漏水检测装置检查见表 3-16-5。

3.16.6 检查评价表格

对工作中检查出的问题进行汇总记录，并进行验收评价，留档保存。漏水检测装置验收评价表见表 3-16-6。

表 3-16-5　　漏水检测装置检查

漏水检测装置检查				
检查人	×××		检查日期	××××年××月××日
设备名称	轻微漏水告警	轻微漏水复归	严重漏水告警	严重漏水复归

表 3-16-6　　漏水检测装置验收评价表

检查人	×××	检查日期	××××年××月××日
存在问题汇总			

3.17　直流断路器阀塔水压试验验收标准作业卡

3.17.1　验收范围说明

本验收标准作业卡适用于换流站直流断路器阀塔水压试验交接验收工作，验收范围包括：

(1) 南瑞继保混合式直流断路器；

(2) 许继电气混合式直流断路器；

(3) 普瑞工程混合式直流断路器。

3.17.2　验收准备工作

各阶段验收工作开展前，运检人员应当提前明确验收的时间、人员、车辆机具、仪器工具、图纸资料等，并至少在验收开展的前一天完成准备工作的确认。直流断路器阀塔水压试验准备工作表见表 3-17-1，直流断路器阀塔水压试验工器具清单见表 3-17-2。

表 3-17-1　　直流断路器阀塔水压试验准备工作表

序号	项目	工作内容	实施标准	负责人	备注
1	时间安排	验收工作开展前，应当组织业主、厂家、施工、监理、运检人员现场联合勘查，在各方均认为现场满足验收条件后方可开展	换流阀阀塔、水冷设备安装工作已完成，完成阀塔清理工作		
2	人员安排	(1) 需提前沟通好直流断路器和水冷验收作业面，由两个作业面配合共同开展。 (2) 验收组建议至少安排运检人员2人、换流阀厂家人员2人、水冷厂家1人、监理2人、平台车专职驾驶员1人（厂家或施工单位人员）。 (3) 将验收组内部分为阀冷小组和换流阀小组，阀冷组运检1人、厂家1人、监理1人；换流阀组运检1人、厂家1人、监理1人	验收前成立临时专项验收组，组织运检、施工、厂家、监理人员共同开展验收工作		
3	车辆工具安排	验收工作开展前，准备好验收所需车辆机具、仪器仪表、工器具、安全防护用品、验收记录材料、相关图纸及相关技术资料	(1) 车辆机具、仪器仪表、工器具、安全防护用品应试验合格，满足本次施工的要求。 (2) 验收记录材料、相关图纸及相关技术资料齐全并符合现场实际情况		
4	验收交底	根据本次作业内容和性质确定好检修人员，并组织学习本作业卡	要求所有工作人员都明确本次工作的作业内容、进度要求、作业标准及安全注意事项		

表 3-17-2　　直流断路器阀塔水压试验工器具清单

序号	名称	型号	数量	备注
1	阀厅平台车	—	1辆	
2	连体防尘服	—	每人1套	
3	安全带	—	每人1套	
4	车辆接地线	—	1根	
5	去离子水	—	若干	

3.17.3 验收检查记录表

直流断路器阀塔水压试验工作表见表3-17-3。

表3-17-3 直流断路器阀塔水压试验工作表

序号	验收项目	验收方法及标准	验收结论（√或×）	备注
1	水压试验准备工作	水压试验前检查水冷设备状态正常，由阀水冷厂家人员关闭主泵和相关阀门		
2		阀塔排气完成，排气阀关闭、阀塔塔底蝶阀打开		
3		通过补水泵将水压补到额定值，并记录水压		
4	静态水压试验	通过补水泵对内冷水系统进行补充压力至正常压力1.5倍，进行60min静态打压，或按照厂家技术规范要求进行水压试验		
5		在进阀水压达到试验要求时开始计时，并拍照记录水压值；水压试验结束时再次记录内水冷的进阀压力值，与试验前的值进行对比，压力相差不应该超过额定试验压力的5%		
6		水压试验结束后放水直至水压恢复正常		
7	水压试验结果验证	（1）水压试验过程中，安排人员进入阀塔或坐平台车在阀塔两侧，逐层通过目测和手摸的方式检查是否发生渗漏水。 （2）若发现漏水或水压无法加上，则立即停止试验，并在处理后重新开展水压试验		

3.17.4 验收记录表格

在工作中对于重要的内容进行专项检查记录并留档保存。阀塔水管加压试验验收记录表见表3-17-4。

表3-17-4 阀塔水管加压试验验收记录表

设备名称	试验项目	验收人
	阀塔水管加压试验	
0511D高压直流断路器		
0512D高压直流断路器		
…		

3.17.5 检查评价表格

对工作中检查出的问题进行汇总记录，并进行验收评价，留档保存。直流断路器阀塔水压试验验收评价表见表 3-17-5。

表 3-17-5 直流断路器阀塔水压试验验收评价表

检查人	×××	检查日期	××××年××月××日
存在问题汇总			

3.18 直流断路器控制保护系统验收标准作业卡

3.18.1 验收范围说明

本验收标准作业卡适用于换流站直流断路器控制保护系统验收工作，验收范围包括：

（1）南瑞继保混合式直流断路器；

（2）许继电气混合式直流断路器；

（3）普瑞工程混合式直流断路器；

（4）北电耦合负压式直流断路器；

（5）思源电气机械式直流断路器。

3.18.2 验收准备工作

各阶段验收工作开展前，运检人员应当提前明确验收的时间、人员、车辆机具、仪器工具、图纸资料等，并至少在验收开展的前一天完成准备工作的确认。直流断路器控制保护系统验收准备工作表见表 3-18-1，直流断路器控制保护系统验收工器具清单见表 3-18-2。

3.18.3 验收检查记录表

直流断路器控制保护系统验收检查记录表见表 3-18-3。

表 3-18-1　　直流断路器控制保护系统验收准备工作表

序号	项目	工作内容	实施标准	负责人	备注
1	时间安排	验收工作开展前，应当组织业主、厂家、施工、监理、运检人员现场联合勘查，在各方均认为现场满足验收条件后方可开展	直流断路器控制保护系统分系统调试已完成		
2	人员安排	(1) 需提前沟通好直流断路器和水冷验收作业面，由两个作业面配合共同开展。 (2) 验收组建议至少安排运检人员 1 人、直流断路器厂家人员 2 人、直流控制保护厂家人员 1 人、监理 1 人	验收前成立临时专项验收组，组织运检、施工、厂家、监理人员共同开展验收工作		
3	车辆工具安排	验收工作开展前，准备好验收所需车辆机具、仪器仪表、工器具、安全防护用品、验收记录材料、相关图纸及相关技术资料	(1) 仪器仪表、工器具、安全防护用品应试验合格，满足本次施工的要求。 (2) 验收记录材料、相关图纸及相关技术资料齐全并符合现场实际情况		
4	验收交底	根据本次作业内容和性质确定好检修人员，并组织学习本作业卡	要求所有工作人员都明确本次工作的作业内容、进度要求、作业标准及安全注意事项		

表 3-18-2　　直流断路器控制保护系统验收工器具清单

序号	名称	型号	数量	备注
1	防静电手环	—	若干	
2	光纤插拔工具（如有）	—	1个	
3	光纤清洁套装	—	1套	
4	调试电脑	—	1台	

表 3-18-3　　直流断路器控制保护系统验收检查记录表

序号	验收项目	验收方法及标准	验收结论（√或×）	备注
1	直流断路器控制保护系统外观验收	检查直流断路器控制保护系统屏柜外观良好，安装正确		
2		检查屏柜防火封堵完成，通风散热性能良		
3		检查屏柜各板卡工作指示灯应正常。电源模块、继电器等元件指示应正确		

续表

序号	验收项目	验收方法及标准	验收结论（√或×）	备注
4	直流断路器控制保护系统外观验收	检查屏柜内电缆、光纤标识清晰，放置整齐，内部元件铭牌、型号、规格应符合设计要求，外观无损伤、变形		
5		面板、各元件、（切换）开关位置命名、标示正确，符合设计要求		
6		接线应排列整齐、清晰、美观，屏蔽、绝缘良好，无损伤。连接导线截面符合设计要求，标志清晰		
7		屏柜内外清洁无锈蚀，端子排清洁无异物		
8		光纤敷设及固定后的弯曲半径应大于纤（缆）径的15倍（厂家有特殊要求时应符合产品的技术规定），不得弯折和过度拉伸光纤，并应检测合格。光纤接头插入、锁扣到位，光缆、光纤排列整齐，固定良好，标识清晰。备用光纤数量应符合技术要求，布放完好		
9		盘、柜及电缆、光缆管道封堵应良好		
10		交直流应使用独立的电缆，分别供电		
11		电缆开孔、通道应有足够的屏蔽措施，封堵良好		
12		屏柜固定良好，与基础型钢不宜焊接固定		
13		屏柜应具备良好的通风、散热功能，防止直流断路器控制保护装置长期运行产生的热量无法有效散出而导致板卡故障		
14		检查控制保护室、直流断路器控制保护屏柜防水、防潮措施到位，控制保护室空调工作正常		
15	直流断路器控制保护系统分系统试验	断电试验		
16		直流断路器控制保护设备自身内部插拔光纤试验		
17		直流断路器控制保护与直流控制保护间插拔光纤试验		
18	直流断路器控制保护系统录波检查	工程直流断路器控制保护系统应具有独立的内置故障录波功能，在手动触发、直流断路器分合闸、异常情况下均能触发录波		
19	报文逻辑检查	运维人员模拟直流断路器控制保护系统事件信息，检查后台事件信息显示正确（应按照设备厂家提供的信号表，逐一核对接口信号和总线信号）		
20		要求厂家提供全部事件报文列表，并对每一类报文进行逐条模拟实现，并分析其报出逻辑是否正确		

续表

序号	验收项目	验收方法及标准	验收结论（√或×）	备注
21	报文逻辑检查	对于部分需带电后才能实现的报文，在系统调试期间开展报文检查工作		
22		直流断路器漏水检测装置动作只作用于信号		
23		直流断路器控制保护系统出现瞬时扰动，扰动消失后告警应能自动复归		
24		直流控制保护系统检测到直流断路器控制保护系统故障时应产生相应事件记录，事件记录应完备、清晰、明确，避免出现歧义		

3.18.4 验收记录表格

在工作中对于重要的内容进行专项检查记录并留档保存。直流断路器控制保护系统验收记录表见表3-18-4。

表3-18-4　　直流断路器控制保护系统验收记录表

设备名称	验收项目				验收人
	直流断路器控制保护系统外观验收	直流断路器控制保护系统分系统试验	直流断路器控制保护系统录波检查	报文逻辑检查	
0511D高压直流断路器控制保护系统					
0512D高压直流断路器控制保护系统					
……					

3.18.5 检查评价表格

对工作中检查出的问题进行汇总记录，并进行验收评价，留档保存。直流断路器控制保护系统验收评价表见表3-18-5。

表3-18-5　　直流断路器控制保护系统验收评价表

检查人	×××	检查日期	××××年××月××日
存在问题汇总			

3.19 直流断路器投运前验收标准作业卡

3.19.1 验收范围说明

本验收标准作业卡适用于换流站直流断路器投运前检查验收工作，验收范围包括：

（1）南瑞继保混合式直流断路器；

（2）许继电气混合式直流断路器；

（3）普瑞工程混合式直流断路器；

（4）北电耦合负压式直流断路器；

（5）思源电气机械式直流断路器。

3.19.2 验收准备工作

各阶段验收工作开展前，运检人员应当提前明确验收的时间、人员、车辆机具、仪器工具、图纸资料等，并至少在验收开展的前一天完成准备工作的确认。直流断路器投运前验收准备工作表见表 3-19-1，直流断路器投运前验收工器具清单见表 3-19-2。

表 3-19-1　　直流断路器投运前验收准备工作表

序号	项目	工作内容	实施标准	负责人	备注
1	时间安排	验收工作开展前，应当组织业主、厂家、施工、监理、运检人员现场联合勘查，在各方均认为现场满足验收条件后方可开展	换流阀阀塔所有验收工作已完成、低压加压试验通过		
2	人员安排	（1）需提前沟通好换流阀和水冷验收作业面，由两个作业面配合共同开展。 （2）验收组建议至少安排运检人员 1 人、换流阀厂家人员 1 人、监理 1 人、平台车专职驾驶员 1 人（厂家或施工单位人员）	验收前成立临时专项验收组，组织运检、施工、厂家、监理人员共同开展验收工作		

续表

序号	项目	工作内容	实施标准	负责人	备注
3	车辆工具安排	验收工作开展前，准备好验收所需车辆机具、仪器仪表、工器具、安全防护用品、验收记录材料、相关图纸及相关技术资料	(1) 车辆机具、仪器仪表、工器具、安全防护用品应试验合格，满足本次施工的要求。 (2) 验收记录材料、相关图纸及相关技术资料齐全并符合现场实际情况		
4	验收交底	根据本次作业内容和性质确定好检修人员，并组织学习本作业卡	要求所有工作人员都明确本次工作的作业内容、进度要求、作业标准及安全注意事项		

表 3-19-2　　直流断路器投运前验收车辆、工具清单

序号	名称	型号	数量	备注
1	阀厅平台车	—	1辆	
2	安全带	—	每人1套	
3	车辆接地线	—	1根	

3.19.3 验收检查记录表

直流断路器投运前验收检查表见表 3-19-3。

表 3-19-3　　直流断路器投运前验收检查表

序号	验收项目	验收方法及标准	验收结论（√或×）	备注
1	阀塔水管阀门位置检查	检查阀塔底部进水阀门（如有）是否为完全打开状态，排气阀串联的球阀是否为关闭状态		仅针对配置水冷系统的直流断路器
2		检查阀塔底部放水阀门是否为完全关闭状态，放水阀门堵头是否完好		

续表

序号	验收项目	验收方法及标准	验收结论（√或×）	备注
3	阀塔遗留物件清查	在平台车上逐层检查直流断路器阀塔有无遗留物件		
4		检查直流断路器正上方是否有行车滞留		
5	直流断路器控制保护屏柜检查	检查阀控屏柜光纤连接牢固、标识清晰，对前期验收中插拔过的光纤与图纸核对是否插错。 检查屏柜状态正常，无异常告警灯，后台无异常报文		
6	直流断路器上电检查	对主供能变上电，检查监控后台是否有无异常信号，检查快速机械开关储能电容电压、机械式直流断路器储能电容电压及耦合负压式直流断路器耦合负压回路储能电容电压是否正常		
7		开展直流断路器整机分闸操作、合闸操作，直流断路器功能正常，监控后台无异常信号		

3.19.4 验收记录表格

在工作中对于重要的内容进行专项检查记录并留档保存。直流断路器投运前验收检查记录表见表3-19-4。

表3-19-4　直流断路器投运前验收检查记录表

设备名称	验收项目				验收人
	阀塔水管阀门位置检查	阀塔遗留物件清查	直流断路器控制保护屏柜检查	直流断路器上电检查	
0511D高压直流断路器					
0512D高压直流断路器					
…					

3.19.5 检查评价表格

对工作中检查出的问题进行汇总记录，并进行验收评价，留档保存。直流断路器投运前验收检查评价表见表3-19-5。

表3-19-5 直流断路器投运前验收检查评价表

检查人	×××	检查日期	××××年××月××日
存在问题汇总			

第4章　交流耗能装置及阀控设备

4.1　应用范围

本作业指导书适用于柔直换流站交流耗能装置及阀控设备交接试验和竣工验收工作，部分验收项目需根据实际情况提前安排，通过随工验收、资料检查等方式开展，旨在指导并规范现场验收工作。

4.2　规范依据

本作业指导书的编制依据并不限于以下文件：

《国家电网有限公司十八项电网重大反事故措施（修订版）》

《国家电网有限公司防止直流换流站事故措施（2021版）》

《±800kV及以下换流站换流阀施工及验收规范》（GB/T 50775—2012）

《±800kV特高压直流输电用晶闸管阀》（GB/T 28563—2012）

《高压直流输电晶闸管阀　第1部分：电气试验》（GB/T 20990.1—2007）

《±800kV换流站换流阀施工及验收规范》（Q/GDW 221—2008）

《±800kV直流系统电气设备交接验收试验》（Q/GDW 275—2009）

《±800kV级直流输电用耗能阀通用技术规范》（Q/GDW 288—2009）

《国家电网公司全过程技术监督精益化管理实施细则》

《国家电网公司直流换流站验收管理规定》

4.3　验收方法

4.3.1　验收流程

交流耗能装置与阀控设备专项验收工作应参照表4-3-1验收项目内容顺序开展，并在验收工作中把握关键时间节点。

4.3.2　验收问题记录清单

对于验收过程中发现的隐患和缺陷，应当按照表4-3-2进行记录，每日向业主项目部提报，并由专人负责跟踪闭环进度。

表 4-3-1　　　　交流耗能装置及阀控设备验收标准流程

序号	验收项目	主要工作内容	参考工时	开展验收需满足的条件
1	耗能装置阀塔外观验收	(1) 耗能装置阀塔框架结构、绝缘子、屏蔽罩检查验收。 (2) 耗能装置阀组件外观验收。 (3) 耗能装置阀塔光纤、耗能阀塔通流回路外观验收	0.5h/阀塔	耗能装置阀塔安装完成，并完成清灰工作
2	耗能装置阀塔光纤检查验收	(1) 耗能装置阀塔光纤及槽盒外观检查。 (2) 耗能装置阀塔光纤衰耗测试	1h/阀塔	(1) 耗能装置阀塔安装完成，并完成清灰工作。 (2) 耗能装置阀塔光纤铺设完成，但尚未插入晶闸管控制单元（TCE）
3	耗能装置阀塔主通流回路检查验收	(1) 主通流回路搭接面螺栓力矩检查。 (2) 主通流回路搭接面直阻检查	0.5h/阀塔	耗能装置阀塔安装完成，并完成清灰工作
4	耗能装置阀组件试验验收	(1) 耗能装置阀组件外观验收。 (2) 耗能装置阀组件触发、短路、阻抗测试	1h/阀塔	(1) 耗能装置阀塔安装完成，并完成清灰工作。 (2) 耗能装置阀控系统报文配置完成，后台可收到报文。 (3) 完成上述验收工作
5	耗能装置阀控系统验收	(1) 阀控系统光纤插拔试验。 (2) 阀控屏柜电源切换试验。 (3) 阀控系统特殊验证试验。 (4) 阀控系统报文验证	3h/耗能阀厅	(1) 耗能装置阀控系统安装调试完成。 (2) 耗能装置阀组控制屏柜具备配合阀控（VCE）调试的条件
6	耗能装置耗能阀投运前检查	(1) 阀塔水管阀门位置检查。 (2) 阀塔遗留物件清查。 (3) 阀塔光纤电缆连接检查	1h/阀塔	(1) 所有验收完成后。 (2) 耗能装置阀带电前

表 4-3-2　　　　耗能阀及耗能阀控设备验收问题记录清单

序号	设备名称	问题描述	发现人	发现时间	整改情况
1	……	……	×××	××××年××月××日	……
…	……				

4.4 阀塔外观验收标准作业卡

4.4.1 验收范围说明

本验收标准作业卡适用于换流站耗能阀塔外观交接验收工作，验收范围包括：许继路线交流耗能装置阀塔。

4.4.2 验收准备工作

各阶段验收工作开展前，运检人员应当提前明确验收的时间、人员、车辆机具、仪器工具、图纸资料等，并至少在验收开展的前一天完成准备工作的确认。耗能阀外观验收准备工作表见表 4-4-1，耗能阀外观验收工器具清单见表 4-4-2。

表 4-4-1　耗能阀外观验收准备工作表

序号	项目	工作内容	实施标准	负责人	备注
1	时间安排	验收工作开展前，应当组织业主、厂家、施工、监理、运检人员现场联合勘查，在各方均认为现场满足验收条件后方可开展	耗能阀塔安装工作已完成，完成阀塔清理工作		
2	人员安排	（1）如人员、车辆充足可组织多个验收组同时开展工作。 （2）每个验收组建议至少安排验收人员 1 人、厂家人员 1 人、施工单位 1 人、监理 1 人	验收前成立临时专项验收组，组织验收、施工、厂家、监理人员共同开展验收工作		
3	车辆工具安排	验收工作开展前，准备好验收所需车辆机具、仪器仪表、工器具、安全防护用品、验收记录材料、相关图纸及相关技术资料	车辆机具、仪器仪表、工器具、安全防护用品应试验合格，满足本次施工的要求。 验收记录材料、相关图纸及相关技术资料齐全并符合现场实际情况		
4	验收交底	根据本次作业内容和性质确定好检修人员，并组织学习本作业卡	要求所有工作人员都明确本次工作的作业内容、进度要求、作业标准及安全注意事项		

表 4-4-2　　耗能阀外观验收车辆、工具清单

序号	名称	型号	数量	备注
1	连体防尘服	—	每人1套	
2	安全带	—	每人1套	

4.4.3 验收检查记录

耗能阀外观验收检查记录表见表 4-4-3。

表 4-4-3　　耗能阀外观验收检查记录表

序号	验收项目	验收方法及标准	验收结论（√或×）	备注
1	外观检查	耗能阀塔外观清洁，无明显积灰，阀元器件外观完好，阀内无异物，无工具、材料等施工及试验遗留物		
2		耗能阀塔按设计图纸安装完毕，所有元器件安装位置正确，通流回路、光纤回路安装正确		
3		耗能阀内晶闸管组件等标识清晰明确		
4		阀塔对地及其他设备电气安全距离符合设计要求		
5		阀塔通流母排与屏蔽罩之间的等电位点应采用单点金属连接，其他固定支撑点应采用绝缘材料且安装可靠，避免造成多点接触形成环流发热		
6		阀厅金具转换部位支撑结构与导电体应严格进行绝缘处理，同时采用等电位线可靠连接		
7	耗能装置阀塔及阀基电子设备防火情况检查	检查每个电气连接应牢固、可靠，避免产生过热和电弧		
8		耗能阀塔内非金属材料不应低于 UL94V0 材料标准，应按照美国材料和试验协会（ASTM）的 E135 标准进行燃烧特性试验或提供第三方试验报告		
9		耗能阀塔光缆槽内应放置防火包，出口应使用阻燃材料封堵。可燃物排查需排查阀塔中所有非金属材料的阻燃性能，要求厂家根据反措要求提供阀塔元件的阻燃试验报告。阀基电子设备间有阻燃隔板		
10		电容器为无油防爆结构，阀基电子设备具备防爆设计		

续表

序号	验收项目	验收方法及标准	验收结论（√或×）	备注
11	阀电抗器、晶闸管、阻尼电容等元器件外观检查	检查晶闸管等元器件外观良好，无破损、锈蚀		
12		阻尼电容等回路连接正确		
13		安装紧固、无松动，接线正确、可靠		
14		元器件应有铭牌和出厂编号		

4.4.4 验收记录表格

在工作中对于重要的内容进行专项检查记录并留档保存。耗能阀外观验收记录表见表4-4-4。

表4-4-4　耗能阀外观验收记录表

设备名称	验收项目			验收人
	阀塔整体外观检查	耗能装置阀塔及阀基电子设备防火情况检查	阀电抗器、晶闸管、阻尼电容等元器件外观检查	
极Ⅰ耗能阀				
……				

4.4.5 检查评价表格

对工作中检查出的问题进行汇总记录，并进行验收评价，留档保存。耗能装置阀塔外观验收评价表见表4-4-5。

表4-4-5　耗能装置阀塔外观验收评价表

检查人	×××	检查日期	××××年××月××日
存在问题汇总			

4.5 耗能装置阀塔光纤检查验收标准作业卡

4.5.1 验收范围说明

本验收标准作业卡适用于换流站耗能装置阀塔光纤检查验收交接验收工作，验收范围包括：许继集团交流耗能装置阀塔。

4.5.2 验收准备工作

各阶段验收工作开展前，运检人员应当提前明确验收的时间、人员、车辆机具、仪器工具、图纸资料等，并至少在验收开展的前一天完成准备工作的确认。阀塔光纤检查验收准备工作表见表 4-5-1，耗能装置阀塔光纤检查验收工器具清单见表 4-5-2。

表 4-5-1　　阀塔光纤检查验收准备工作表

序号	项目	工作内容	实施标准	负责人	备注
1	时间安排	验收工作开展前，应当组织业主、厂家、施工、监理、运检人员现场联合勘查，在各方均认为现场满足验收条件后方可开展	耗能装置阀塔安装工作已完成，完成阀塔清理工作。阀塔光纤铺设完成，但尚未插入		
2	人员安排	（1）如人员、车辆充足可组织多个验收组同时开展工作。 （2）每个验收组建议至少安排运检人员 2 人、厂家人员 2 人、监理 1 人。 （3）光纤衰耗测试时将验收组内部分为阀塔打光小组和屏柜测光小组，阀塔组运检 1 人、厂家 1 人；屏柜则运检 1 人、厂家 1 人、监理 1 人；小组间通过对讲机沟通。 （4）光纤插拔均由厂家人员进行，其他人员不得触碰	验收前成立临时专项验收组，组织运检、施工、厂家、监理人员共同开展验收工作		
3	车辆工具安排	验收工作开展前，准备好验收所需车辆机具、仪器仪表、工器具、安全防护用品、验收记录材料、相关图纸及相关技术资料	车辆机具、仪器仪表、工器具、安全防护用品应试验合格，满足本次施工的要求。 验收记录材料、相关图纸及相关技术资料齐全并符合现场实际情况		
4	验收交底	根据本次作业内容和性质确定好检修人员，并组织学习本作业卡	要求所有工作人员都明确本次工作的作业内容、进度要求、作业标准及安全注意事项		

表 4-5-2　　**耗能装置阀塔光纤检查验收工器具清单**

序号	名称	型号	数量	备注
1	连体防尘服	—	每人 1 套	
2	安全带	—	每人 1 套	
3	光纤清洁套装	—	1 套	
4	光纤衰耗测试仪	—	1 套	
5	光时域反射仪	—	1 台	
6	短光纤	仪器校准用	1 根	
7	屏柜光纤插拔工具（如有）	—	1 个	
8	防静电手环	—	1 个	
9	对讲机	—	2 台	

4.5.3　验收检查记录

耗能装置阀塔光纤验收检查记录表见表 4-5-3。

表 4-5-3　　**耗能装置阀塔光纤验收检查记录表**

序号	验收项目	验收方法及标准	验收结论（√或×）	备注
1	耗能装置阀塔及屏柜光纤检查	检查光纤连接和排列情况，光纤接头插入、锁扣到位，光纤排列整齐，标识清晰准确		
2		备用光纤数量充足、接头等电位可靠固定，防护到位		
3		光纤表皮无老化、破损、变形现象，光纤（缆）弯曲半径应大于纤（缆）直径的 15 倍，尾纤弯曲直径不应小于 100mm，尾纤自然悬垂长度不宜超过 300mm		
4		光纤槽盒固定及连接可靠、密封良好、无受潮、无积灰		
5		光纤槽盒均压措施完善，表面半导体涂层完好（如有），无破损		
6		光纤槽盒阻燃措施完善，防火包（如有）安装正确，无脱落		

续表

序号	验收项目	验收方法及标准	验收结论（√或×）	备注
7	光纤检查	检查光纤或光缆外观完好、无踩踏痕迹		
8		光纤施工过程应做好防振、防尘、防水、防折、防压等措施，避免光纤损伤或污染		
9		检查光纤槽盒密封良好、无破损		
10		检查光纤槽盒阻燃措施完善，防火包（如有）安装正确，无脱落		
11	光纤衰耗测试	光纤衰耗测试范围包括触发回检光纤以及阀塔的全部备用光纤		
12		测试前使用短光纤对光纤衰耗测试仪进行校零（注意校零后不得关机，否则要重新校准）		
13		在阀塔上取下光纤，并使用光纤测试仪的光源部分进行打光		
14		在阀控屏柜侧取下光纤，并使用光纤测试仪的接收部分进行检测		
15		根据测试结果记录光纤衰耗值，并与标准和光纤安装前的测量数值进行对比		
16		测试完成后清洁光纤头，并将光纤插回		
17		测试中一次只准拔一根光纤，禁止同时拔多根光纤		
18		若光纤衰耗超标，则使用光时域反射仪（OTDR）进行测试，分析衰耗超标的原因，并进行针对性检查		
19		若光纤衰耗超标且无法修复，则要求厂家补充敷设光纤，并将故障光纤接头剪去塞入槽盒中，防止误用		
20		测试完成后将测试数值记录至光衰测试专用检查表中		

4.5.4 验收记录表格

在工作中对于重要的内容进行专项检查记录并留档保存。耗能装置阀塔光纤验收记录表见表 4-5-4。

4.5.5 检查评价表格

对工作中检查出的问题进行汇总记录，并进行验收评价，留档保存。耗能装置阀塔光纤验收评价表见表 4-5-5。

表 4-5-4　　耗能装置阀塔光纤验收记录表

设备名称	验收项目			验收人
	耗能装置阀塔及屏柜光纤检查	光纤检查	光纤衰耗测试	
极Ⅰ耗能阀				
……				

表 4-5-5　　耗能装置阀塔光纤验收评价表

检查人	×××	检查日期	×××年××月××日
存在问题汇总			

4.6　耗能装置阀塔主通流回路检查验收标准作业卡

4.6.1　验收范围说明

本验收标准作业卡适用于换流站耗能装置阀塔主通流回路检查验收交接验收工作，验收范围包括：许继集团交流耗能装置阀塔。

4.6.2　验收准备工作

各阶段验收工作开展前，运检人员应当提前明确验收的时间、人员、车辆机具、仪器工具、图纸资料等，并至少在验收开展的前一天完成准备工作的确认。耗能装置阀塔主通流回路检查验收准备工作表见表 4-6-1，耗能装置阀塔主通流回路检查验收工器具清单见表 4-6-2。

表 4-6-1　　耗能装置阀塔主通流回路检查验收准备工作表

序号	项目	工作内容	实施标准	负责人	备注
1	时间安排	验收工作开展前，应当组织业主、厂家、施工、监理、运检人员现场联合勘查，在各方均认为现场满足验收条件后方可开展	耗能装置阀塔安装工作已完成，完成阀塔清理工作		

续表

序号	项目	工作内容	实施标准	负责人	备注
2	人员安排	(1) 如人员、车辆充足可组织多个验收组同时开展工作。 (2) 每个验收组建议至少安排运检人员1人、厂家人员1人、施工单位2人、监理1人。 (3) 力矩检查工作建议由施工人员和厂家配合进行，运检、监理监督见证并记录数据。 (4) 直阻测量工作建议由施工人员和厂家配合进行，运检、监理监督见证并记录数据	验收前成立临时专项验收组，组织运检、施工、厂家、监理人员共同开展验收工作		
3	车辆工具安排	验收工作开展前，准备好验收所需、仪器仪表、工器具、安全防护用品、验收记录材料、相关图纸及相关技术资料	(1) 仪器仪表、工器具、安全防护用品应试验合格，满足本次施工的要求。 (2) 验收记录材料、相关图纸及相关技术资料齐全并符合现场实际情况		
4	验收交底	根据本次作业内容和性质确定好检修人员，并组织学习本作业卡	要求所有工作人员都明确本次工作的作业内容、进度要求、作业标准及安全注意事项		

表 4-6-2　　耗能装置阀塔主通流回路检查验收工器具清单

序号	名称	型号	数量	备注
1	连体防尘服	—	每人1套	
2	安全带	—	每人1套	
3	力矩扳手	满足力矩检查要求	1套	
4	棘轮扳手	—	1套	
5	签字笔	红色、黑色	1套	
6	无水乙醇	—	1瓶	
7	百洁布	—	1套	
8	便携式直阻仪	—	1台	

4.6.3 验收检查记录

耗能装置阀塔主通流回路检查验收表见表 4-6-3。

表 4-6-3 耗能装置阀塔主通流回路检查验收表

序号	验收项目	验收方法及标准	验收结论（√或×）	备注
1	主通流回路结构和安装情况检查	核对接头材质、有效接触面积、载流密度、螺栓标号、力矩要求等与设计文件一致，通流回路连接螺栓具有防松动措施（防松动措施包括使用弹片、叠帽、平弹一体垫片、防松螺栓等方式）		
2		检查安装阶段螺丝紧固后应进行的档案和记录		
3	通流回路外观检查	检查通流回路外观良好，连接可靠接触良好，无变形、无变色、无锈蚀、无破损		
4		检查力矩双线标识清晰且划在螺母侧，力矩线需连续、清晰、与螺母垂直，且母排、垫片、螺母、螺栓均需划到		
5		检查软连接完好，无散股、断股现象		
6		若螺栓采用平弹一体结构，应当检查平弹一体垫片是否装反		
7	主通流回路搭接面螺栓力矩复查	力矩检查工作由施工人员执行、厂家人员监督、运检和监理见证记录，四方共同开展		
8		确认接头直阻测量和力矩检查结果满足技术要求（参照专用检查表格），使用 80%力矩检查螺栓紧固到位后画线标记，并建立档案，做好记录；运维单位应按不小于 1/3 的数量进行力矩和直阻抽查		
9		力矩扳手每次调整后均应由验收人员、厂家人员、施工人员共同检查设置的力矩值是否正确		
10		对于检查工作中发现松动或力矩线偏移的螺栓，使用 100%力矩进行复紧，使用酒精擦除原力矩线后重新划线，并再次使用 80%力矩检查		
11		对于发生滑丝、跟转等问题的螺栓进行更换		
12		对于不在现场安装的阀组件内部搭接面可不进行复紧，只检查力矩线，但须厂家提供厂内验收报告		
13	主通流回路搭接面直阻测试	正确使用直流电阻测试仪，并设置试验电流不小于 100A		
14		将夹子夹在待测搭接面两端，启动仪器后读取测量数据并记录		
15		阀厅设备搭接面直阻不大于 10μΩ		
16		对于发现有直阻超标的搭接面，应当按照“十步法”进行处理并记录		
17		对于不在现场安装的阀组件内部搭接面不进行直阻复测，但须提供厂内测量报告		

4.6.4 验收记录表格

在工作中对于重要的内容进行专项检查记录并留档保存。耗能装置阀塔主通流回路检查验收记录表见表 4-6-4。

表 4-6-4 耗能装置阀塔主通流回路检查验收记录表

设备名称	验收项目				验收人
	主通流回路结构和安装情况检查	通流回路外观检查	主通流回路搭接面螺栓力矩复查	主通流回路搭接面直阻测试	
极Ⅰ耗能阀					
……					

4.6.5 专项检查表格

在工作中对于重要的内容进行专项检查记录并留档保存。耗能装置阀塔主通流回路专项检查记录表见表 4-6-5。

表 4-6-5 耗能装置阀塔主通流回路专项检查记录表

检查人	×××	检查日期	××××年××月××日

4.6.6 “十步法”处理记录

“十步法”处理记录见表 4-6-6。

表 4-6-6 “十步法”处理记录

序号	接头位置及名称	检修前直阻			评价	检修处理工艺控制					检修后直阻测量			验收
		检修前直阻	直阻测量人	是否小于 10μΩ	是否需要处理	工艺要求	螺栓规格	力矩标准	力矩是否紧固	作业人	检修后直阻	测量人	直阻是否合格	
1	651H-1													
…	……													

4.6.7 检查评价表格

对工作中检查出的问题进行汇总记录，并进行验收评价，留档保存。耗能装置阀塔主通流回路检查验收评价表见表 4-6-7。

表 4-6-7　　耗能装置阀塔主通流回路检查验收评价表

检查人	×××	检查日期	××××年××月××日
存在问题汇总			

4.7 耗能装置阀组件试验验收标准作业卡

4.7.1 验收范围说明

本验收标准作业卡适用于换流站耗能装置阀组件试验验收工作，验收范围包括：许继集团交流耗能装置阀塔。

4.7.2 验收准备工作

各阶段验收工作开展前，运检人员应当提前明确验收的时间、人员、车辆机具、仪器工具、图纸资料等，并至少在验收开展的前一天完成准备工作的确认。耗能装置阀组件试验准备工作表见表 4-7-1，耗能装置阀组件试验工器具清单见表 4-7-2。

表 4-7-1　　耗能装置阀组件试验准备工作表

序号	项目	工作内容	实施标准	负责人	备注
1	时间安排	验收工作开展前，应当组织业主、厂家、施工、监理、运检人员现场联合勘查，在各方均认为现场满足验收条件后方可开展	耗能装置阀塔已完成全部例行验收工作，阀控系统已上电		
2	人员安排	（1）验收组建议至少安排运检人员 2 人、耗能装置阀厂家人员 4 人、监理 1 人。 （2）将验收组内部分为阀塔小组、屏柜小组和后台小组：阀塔小组需运检 1 人、厂家 2 人、监理 1 人；屏柜小组需厂家 1 人；后台小组需运检 1 人、厂家 1 人	验收前成立临时专项验收组，组织运检、施工、厂家、监理人员共同开展验收工作		

续表

序号	项目	工作内容	实施标准	负责人	备注
3	车辆工具安排	验收工作开展前，准备好验收所需车辆机具、仪器仪表、工器具、安全防护用品、验收记录材料、相关图纸及相关技术资料	（1）车辆机具、仪器仪表、工器具、安全防护用品应试验合格，满足本次施工的要求。 （2）验收记录材料、相关图纸及相关技术资料齐全并符合现场实际情况		
4	验收交底	根据本次作业内容和性质确定好检修人员，并组织学习本作业卡	要求所有工作人员都明确本次工作的作业内容、进度要求、作业标准及安全注意事项		

表 4-7-2　　耗能装置阀组件试验工器具清单

序号	名称	型号	数量	备注
1	3m 人字梯	—	1 个	
2	安全带	—	每人 1 套	
3	晶闸管测试仪	HVTT806	1 台	
4	电源线盘	50m	1 个	
5	对讲机	—	3 台	

4.7.3 验收检查记录表

耗能装置阀组件试验工作表见表 4-7-3。

表 4-7-3　　耗能装置阀组件试验工作表

序号	验收项目	验收方法及标准	验收结论（√或×）	备注
1	耗能装置阀组件试验准备工作	耗能装置阀塔全部安装工作已完成，阀塔已清洁		
2		耗能装置阀控系统应具备检修模式，在不需要极或耗能器控制系统配合下，实现耗能阀控系统、晶闸管触发单元和光纤的闭环试验，至少包括晶闸管导通、光纤回路诊断和晶闸管级回路阻抗等试验		
3		将人员分为 3 组，1 组在耗能阀开展试验，1 组在耗能阀控屏柜侧查看状态，1 组在后台查看事件		

续表

序号	验收项目	验收方法及标准	验收结论（√或×）	备注
4	耗能装置阀组件低压试验（触发、阻抗、短路）	试验前将 VCE 打至检修模式，检修模式指示灯点亮		
5		将 HVTT806 测试仪测试手柄放置在晶闸管级的两端，保持触头与散热器之间良好接触		
6		使用 HVTT806 晶闸管级单元测试仪进行触发功能测试		
7		HVTT806 晶闸管级单元测试仪合格指示灯亮，OWS 后台上报事件和晶闸管级测试位置对应，无漏报，错报现象		
8		屏柜侧人员在试验过程中检查屏柜状态，若有指示灯则查看指示灯是否指示正常，同时配合试验进程切换主用系统		
9		后台人员与现场人员逐项核对后台报文情况，包括报文是否正确、双系统报文是否一致		
10		每个阀组件中至少有一个晶闸管需要在 A、B 双系统分别为主用的时候进行试验，用于验证触发板卡性能		
11		晶闸管级触发及阻抗测试：检测晶闸管级的触发以及阻抗，应符合产品技术条件的规定		

4.7.4 验收记录表格

在工作中对于重要的内容进行专项检查记录并留档保存。耗能装置阀组件试验验收记录表见表 4-7-4。

表 4-7-4 耗能装置阀组件试验验收记录表

设备名称	试验项目	验收人
	耗能装置阀组件低压试验（触发、阻抗、短路）	
极Ⅰ耗能阀 1 层阀组件 1		
……		

4.7.5 专项检查表格

在工作中对于重要的内容进行专项检查记录并留档保存。耗能装置阀组件试验检查见表 4-7-5。

表 4-7-5 耗能装置阀组件试验检查

检查人	×××	检查日期	××××年××月××日
设备名称	外观检查	触发试验	阻抗试验
……	正常	通过	通过

4.7.6 检查评价表格

对工作中检查出的问题进行汇总记录，并进行验收评价，留档保存。耗能装置阀组件试验验收评价表见表 4-7-6。

表 4-7-6 耗能装置阀组件试验验收评价表

检查人	×××	检查日期	××××年××月××日
存在问题汇总			

4.8 耗能装置阀控系统验收标准作业卡

4.8.1 验收范围说明

本验收标准作业卡适用于换流站耗能装置阀控系统验收工作，验收范围包括：许继集团交流耗能装置。

4.8.2 验收准备工作

各阶段验收工作开展前，运检人员应当提前明确验收的时间、人员、车辆机具、仪器工具、图纸资料等，并至少在验收开展的前一天完成准备工作的确认。耗能装置阀控系统验收准备工作表见表 4-8-1，阀控系统验收工器具清单见表 4-8-2。

表 4-8-1 耗能装置阀控系统验收准备工作表

序号	项目	工作内容	实施标准	负责人	备注
1	时间安排	验收工作开展前，应当组织业主、厂家、施工、监理、运检人员现场联合勘查，在各方均认为现场满足验收条件后方可开展	耗能装置阀塔触发试验已完成，耗能装置阀控系统分系统调试已完成		

续表

序号	项目	工作内容	实施标准	负责人	备注
2	人员安排	验收组建议至少安排运检人员1人、耗能阀厂家人员2人、直流控制保护厂家人员1人、监理1人	验收前成立临时专项验收组，组织运检、施工、厂家、监理人员共同开展验收工作		
3	车辆工具安排	验收工作开展前，准备好验收所需机具、仪器仪表、工器具、安全防护用品、验收记录材料、相关图纸及相关技术资料	(1) 车辆机具、仪器仪表、工器具、安全防护用品应试验合格，满足本次施工的要求。 (2) 验收记录材料、相关图纸及相关技术资料齐全并符合现场实际情况		
4	验收交底	根据本次作业内容和性质确定好检修人员，并组织学习本作业卡	要求所有工作人员都明确本次工作的作业内容、进度要求、作业标准及安全注意事项		

表 4-8-2　　阀控系统验收工器具清单

序号	名称	型号	数量	备注
1	防静电手环	—	若干	
2	光纤插拔工具（如有）	—	1个	
3	光纤清洁套装	—	1套	
4	调试电脑	—	1台	

4.8.3 验收检查记录

阀控系统验收检查记录表见表4-8-3。

表 4-8-3　　阀控系统验收检查记录表

序号	验收项目	验收方法及标准	验收结论（√或×）	备注
1	耗能装置阀控系统外观验收	检查阀控系统屏柜外观良好，安装正确		
2		检查屏柜防火封堵完成，通风散热性能良好		
3		检查屏柜各板卡工作指示灯应正常。电源模块、继电器等元件指示应正常		

续表

序号	验收项目	验收方法及标准	验收结论（√或×）	备注
4	耗能装置阀控系统外观验收	检查屏柜内电缆、光纤标识清晰，放置整齐，内部元件铭牌、型号、规格应符合设计要求，外观无损伤、变形		
5		面板、各元件、（切换）开关位置命名、标示正确，符合设计要求		
6		接线应排列整齐、清晰、美观，屏蔽、绝缘良好，无损伤。连接导线截面符合设计要求，标志清晰		
7		屏柜内外清洁无锈蚀，端子排清洁无异物		
8		光纤敷设及固定后的弯曲半径应大于纤（缆）径的15倍（厂家有特殊要求时应符合产品的技术规定），不得弯折和过度拉伸光纤，并应检测合格。光纤接头插入、锁扣到位，光缆、光纤排列整齐，固定良好，标识清晰。备用光纤数量应符合技术要求，布放完好		
9		盘、柜及电缆、光缆管道封堵应良好		
10		交直流应使用独立的电缆，分别供电		
11		阀控室至阀控设备、耗能阀的电缆开孔、通道应有足够的屏蔽措施，封堵良好		
12		屏柜固定良好，与基础型钢不宜焊接固定		
13		阀控柜应具备良好的通风、散热功能，防止阀控系统长期运行产生的热量无法有效散出而导致板卡故障		
14		检查阀控室、阀控屏防水、防潮措施到位，独立阀控间冗余配置的空调工作正常		
15	阀控系统电源切换试验（另含专项检查表）	依次断开VCE屏柜的直流电源，检查双路电源能否正常切换，单路电源失去后是否会导致机箱失电		
16		单独断开每一套系统的A路电源、或单独断开B路电源，机箱均不失电		
17		断开A系统的两路电源，A系统失电，系统自动切换至B系统运行，随后恢复电源		
18		断开B系统的两路电源，B系统失电，系统自动切换至A系统运行，随后恢复电源		
19		测试并记录各级电源输出电压值，电压值应满足要求		
20	光纤插拔试验	依次断开直流控制保护设备至VCE的光纤，查看VCE及直流控制保护设备的是否能够正确产生相应的报警或跳闸结果，查看后台报文是否正确		
21		依次断开VCE屏柜内部的信号光纤，查看监控后台是否能够正确产生相应的报警，查看后台报文是否正确		

续表

序号	验收项目	验收方法及标准	验收结论（√或×）	备注
22	光纤插拔试验	注意一次只可以插拔一根光纤，防止光纤插错		
23		阀控系统内部传输的耗能装置不可用、ACTIVE 等重要信号不应采用单一电平信号传输分配至各机箱，应优先采用调制信号，防止单一元件故障，导致信号传输状态错误		
24	阀控系统切换试验	当阀控系统收到直流站控发送的系统切换命令后，系统应能正常切换，相关指示显示正确		
25	阀控系统录波检查	耗能装置阀控系统应具有独立的内置故障录波功能，录波信号包括阀控触发脉冲信号、回报信号、与直流控制保护系统的交换信号等，在耗能装置阀控系统切换或异常时启动录波		
26	阀控接口检查	耗能阀控系统与直流控制保护系统应采用标准化接口设计，具有相互监视的功能		
27	报文逻辑检查	运维人员模拟耗能阀及阀控系统事件信息，检查后台事件信息显示正确（应按照设备厂家提供的信号表，逐一核对接口信号和总线信号）		
28		要求厂家提供全部事件报文列表，并对每一类报文进行逐条模拟实现，并分析其报出逻辑是否正确		
29		对于部分需带电后才能实现的报文，在系统调试期间开展报文检查工作		
30		耗能阀控系统出现瞬时扰动，扰动消失后告警应能自动复归		
31		控系统检测到阀控系统故障时应产生相应事件记录，事件记录应完备、清晰、明确，避免出现歧义		
32		直流控制保护系统检测到耗能阀控系统故障时应产生相应事件记录，事件记录应完备、清晰、明确，避免出现歧义，并在不外加任何专用工具的情况下，根据相应事件记录能够确定故障位置和数量信息		
33		运维人员模拟耗能阀及阀控系统事件信息，检查后台事件信息显示正确		

4.8.4 验收记录表格

在工作中对于重要的内容进行专项检查记录并留档保存。耗能装置阀控系统验收记录表见表 4-8-4。

表 4-8-4 耗能装置阀控系统验收记录表

设备名称	试验项目							验收人
	阀控系统外观验收	电源切换试验	光纤插拔试验	系统切换试验	系统录波检查	阀控接口检查	报文逻辑检查	
极Ⅰ耗能阀阀控系统								
……								

4.8.5 检查评价表格

对工作中检查出的问题进行汇总记录，并进行验收评价，留档保存。耗能装置阀控系统验收评价表见表 4-8-5。

表 4-8-5 耗能装置阀控系统验收评价表

检查人	×××	检查日期	××××年××月××日
存在问题汇总			

4.9 耗能装置投运前检查标准作业卡

4.9.1 验收范围说明

本验收标准作业卡适用于换流站耗能装置投运前检查验收工作，验收范围包括：许继集团交流耗能装置阀塔。

4.9.2 验收准备工作

各阶段验收工作开展前，运检人员应当提前明确验收的时间、人员、车辆机具、仪器工具、图纸资料等，并至少在验收开展的前一天完成准备工作的确认。耗能装置投运前检查准备工作表见表 4-9-1，耗能装置投运前检查工器具清单见表 4-9-2。

4.9.3 验收工作表

耗能装置投运前验收检查表见表 4-9-3。

表 4-9-1 **耗能装置投运前检查准备工作表**

序号	项目	工作内容	实施标准	负责人	备注
1	时间安排	验收工作开展前，应当组织业主、厂家、施工、监理、运检人员现场联合勘查，在各方均认为现场满足验收条件后方可开展	耗能装置阀塔所有验收工作已完成、低压加压试验通过		
2	人员安排	验收组建议至少安排运检人员 1 人、耗能阀厂家人员 1 人、监理 1 人	验收前成立临时专项验收组，组织运检、施工、厂家、监理人员共同开展验收工作		
3	车辆工具安排	验收工作开展前，准备好验收所需机具、仪器仪表、工器具、安全防护用品、验收记录材料、相关图纸及相关技术资料	（1）仪器仪表、工器具、安全防护用品应试验合格，满足本次施工的要求。 （2）验收记录材料、相关图纸及相关技术资料齐全并符合现场实际情况		
4	验收交底	根据本次作业内容和性质确定好检修人员，并组织学习本作业卡	要求所有工作人员都明确本次工作的作业内容、进度要求、作业标准及安全注意事项		

表 4-9-2 **耗能装置投运前检查工器具清单**

序号	名称	型号	数量	备注
1	手电	—	每人 1 个	
2	安全带	—	每人 1 套	
3	人字梯	—	1 套	

表 4-9-3 **耗能装置投运前验收检查表**

序号	验收项目	验收方法及标准	验收结论（√或×）	备注
1	阀塔光纤电缆连接检查	逐层检查耗能装置阀组件内部电缆是否连接完好、连接片是否断裂、电容器桩头是否完		
2		逐层检查触发光纤连接正确、标识清楚，无漏插的情况		
3	阀塔遗留物件清查	逐层检查耗能装置阀塔有无遗留物件		
4	阀控屏柜检查	（1）检查耗能装置阀控屏柜光纤连接牢固、标识清晰，对前期验收中插拔过的光纤与图纸核对是否插错。 （2）检查屏柜状态正常，无异常告警灯，后台无异常报文		

4.9.4 验收记录表格

在工作中对于重要的内容进行专项检查记录并留档保存。耗能装置投运前验收记录表见表 4-9-4。

表 4-9-4　　耗能装置投运前验收记录表

设备名称	试验项目			验收人
	阀塔光纤电缆连接检查	阀塔遗留物件清查	阀控屏柜检查	
极Ⅰ耗能阀				
……				

4.9.5 检查评价表格

对工作中检查出的问题进行汇总记录，并进行验收评价，留档保存。投运前验收检查评价表见表 4-9-5。

表 4-9-5　　投运前验收检查评价表

检查人	×××	检查日期	××年××月××日
存在问题汇总			